工程管理实用技术与案例分析

张　新　编著
于小四　主审

中国铁道出版社

2012年·北　京

内 容 简 介

本书遵照我国现行的国家标准、行业标准及有关规定，在实践基础上总结得出管理思路，在项目实践过程中具有一定的借鉴作用。全书共分八章：第一章为管理概述，第二章～第七章分别为安全管理、质量管理、成本管理、工期管理、环保控制和技术创新，第八章为综合案例。

本书适用于从事铁路工程、公路工程、水利工程和城市轨道交通项目设计、施工、监理、运营管理等方面的工程技术人员、管理人员，也可供大中专院校师生参考。

图书在版编目(CIP)数据

工程管理实用技术与案例分析/张新编著. —北京：中国铁道出版社，2012.4
ISBN 978-7-113-14452-4

Ⅰ.①工… Ⅱ.①张… Ⅲ.①水利工程管理—案例—中国②交通工程—工程管理—案例—中国 Ⅳ.①TV632②U491

中国版本图书馆 CIP 数据核字(2012)第 056654 号

书　　名：工程管理实用技术与案例分析
作　　者：张　新　编著　于小四　主审

责任编辑：孙　楠　**编辑部电话**：010-51873139　**电子信箱**：tdpress@126.com
编辑助理：王佳琦
封面设计：崔丽芳
责任校对：胡明锋
责任印制：陆　宁

出版发行：中国铁道出版社（100054，北京市西城区右安门西街 8 号）
网　　址：http://www.tdpress.com
印　　刷：北京铭成印刷有限公司
版　　次：2012 年 4 月第 1 版　　2012 年 4 月第 1 次印刷
开　　本：880 mm×1230 mm　1/32　**印张**：6.5　**字数**：193 千
印　　数：1～5 000 册
书　　号：ISBN 978-7-113-14452-4
定　　价：30.00 元

序　　一

工程管理是一项复杂而系统的工作，涉及各类资源的优化、整合和运作，许多刚毕业不久的大中专学生到现场后，往往无所适从，人云亦云，须经多年的摸爬滚打才能逐渐摸清各项管理工作的规律；就是工作多年的老同志，由于工作岗位不同，对工程的系统管理知识也往往一鳞半爪、不得要领，缺乏系统的学习和培训。这本关于工程管理方面的简明读本则填补了这方面的空白。该书具有很强的操作性，应用性很高。

纵观全书，语言朴实无华，自然流畅，字里行间无不映射着作者对工程事业的热爱，拳拳之心跃然纸上。作者理论功底深厚，实践经验丰富，理论联系实际紧密，观点和案例耐人寻味、发人深思、引人入胜。“看似寻常最奇崛，成如容易却艰辛”，本书包含了作者无尽的心血和汗水，是作者几十年如一日拼搏奋进、辛苦耕耘的结晶。该书具有工程哲学的理念，希望更多的工程人学习和研究。

相信本书的出版必将为我国的工程管理工作起到积极的作用。

王梦恕

（中国工程院院士）

2012年2月

序　二

作为工程人，给外界的印象就是呆板、忙碌、简单、直率，有好的评价，但更多的印象是整天与钢筋混凝土打交道的一群“纯爷们”。张新同志是一名经验丰富的工程人，我跟张新共事多年，也是生活中的好朋友。张新给我最深的印象就是工作勤奋、吃苦耐劳、善于思考、善于学习。本书是张新同志牺牲大量休息时间，工作之余见缝插针挤时间完成的。张新同志结合自身丰富的管理经验，系统地阐述了安全、质量、工期和成本管理中的种种问题及解决办法。

作为一名从事工程建设20余年的老工程人，我读了此书有三点体会：一是理论功底深厚，语言文字流畅，通俗易懂；二是实践经验丰富，实际案例引人深思；三是总结思考到位，他山之石可以攻玉。读完此书，很受启迪，此书必将为我今后的建设管理工作提供很好的帮助。

现阶段，我国的各项事业蒸蒸日上，特别是铁路建设正高质量服务于我国经济社会的发展，工程建设的管理工作也取得了长足的进步。但我们必须清醒地看到，在工程管理方面还有很多不如意的地方，还存在着管理的盲区。现场监理单位和施工单位管理人员的业务素质和管理水平也亟待提高。希望通过本书的出版和更多工程人的阅读，引来更多、更好的文章进行交流，改善并加强我们的工程建设管理水平，促进我国各项建设工作健康有序发展。

在此，向张新同志表示衷心的感谢和深深的敬意！

李松根

（京广铁路客运专线河南有限公司副总经理兼总工程师）

2012年1月

前　言

近年来，我国铁路、公路、水利和市政等建设工作发展较快，工期紧、标准高是当前建设工作的显著特点，而与之相配套的建设、监理和施工中的各项管理工作则凸显不足，缺乏对工程活动的整体分析和本质把握，缺乏哲学思维方法和科学管理手段。工程管理中出现的一些问题不能很好地得到解决，一些事故甚至重复发生，各类从业人员的管理水平和技术水平亟须提高。希望通过本书和同仁们交流工作体会，借鉴经验，吸取教训，为我国的工程建设尽一份微薄之力。

笔者从事工程建设工作二十六年来，负责过诸多的铁路、公路和市政等项目的施工管理工作，在十几年的项目经理生涯中，笔者始终坚守在施工前线，看到现场管理的种种问题，总是利用各种形式与有关人员进行沟通，并不断地思考施工管理中的深层次问题。在任路桥公司经理后，更是下大工夫学习研究先进的管理知识和理念，调研同行业兄弟单位的管理模式，分析思考公司在管理中的诸多问题，并采取了多种措施完善各项管理工作。特别是在京广铁路客运专线河南有限责任公司、郑州铁路局郑州工程建设指挥部从事建设管理工作以后，接触到了更多的监理单位和施工单位，视野更开阔了；有了更好的条件系统地研究工程管理问题，全面分析问题的根源。看到工程管理中发生的问题，感觉到有一种力量促使笔者写点什么，这恐怕就是“使命感”吧。笔者不自量力，三年来，常常苦思冥想到深夜，殚心竭力，先后编写了有关工期、质量、安全和成本管理等方面的文章，现应友人要求，编辑一册，以飨读者。由于专业和水平所限，对一些问题的研究深度不够，有些观点还不够全面，甚至是肤浅，敬请读者批评指正。

在本书编写过程中，特别是有关理论部分，参阅了不少文献资料，在此向原文作者表示深深的感谢！

在本书的编写过程中，很多一起工作过的同志对本书提出了很多中肯的意见。中国隧道及地下工程专家、工程院院士王梦恕同志和教授级高级工程师、京广铁路客运专线副总经理兼总工程师李松报同志在百忙中分别为本书撰写了序言，河南省青年科技专家、中国中铁2006、2008和2011年度青年科技创新奖获得者、中施协2010和2011年度青年科技创新专家获得者、中铁七局集团电务公司总工程师于小四同志对本书内容进行了梳理，提出了建设性修改建议，并对全文进行了详细的编辑，在此，一并表示感谢。

2012年1月16日于郑州

目　录

总　　则

工程建设是一项投入巨大、管理繁杂的系统工作，需要建设、设计、监理、施工等诸多单位及政府相关职能部门的密切配合、统一协作，由于各单位的职责不同，对工程管理的侧重面亦不尽相同。随着社会的进步，工程管理工作也从传统的质量、成本和工期三大控制目标增加为安全、质量、工期、成本、环保和技术创新等六个方面的内容。而抓好这些工作的前提就是建设单位、监管单位和施工单位等要用正确的哲学观武装头脑，对工程活动进行理性的分析和探讨，自觉地、系统地、科学地指导工程活动，避免盲目性或盲从性，正确处理工程与环境、工程与人、工程与文化、工程的进度与质量及成本的辩证关系。这就要求各级管理者要认真学习哲学的基本原理，深入地掌握唯物论、辩证法和认识论，并运用其中的科学原理来指导各项管理工作；要认真学习研究科学的管理知识和先进的管理经验，以人为本，建立健全各项管理体系，完善各项管理制度，坚持规章制度标准化、人员配备标准化、现场管理标准化和过程控制标准化；要细化岗位职责，落实责任目标，从粗放型管理向精细化管理转变，保证安全、质量、工期、成本、环保和技术创新六个方面的独立正常运行，并实现内在的有机统一。既要制定严格的标准，又要强化落实标准的手段，加强组织协调，严格考核目标，不断提高科学组织和精细化管理水平，最终达到安全稳定、质量精品、工期合理、投资受控、环境和谐、技术创新。

本书是从实践应用角度出发，运用哲学的基本原理，按照管理标准化和精细化的要求，对施工企业及工程项目的管理提出了新的思路和方法。明确了在建设项目管理中施工企业在质量、安全、工期、投资、环境保护和技术创新等六个方面的控制目标，并按照建立目标、组织保证、过程控制、评价评估、考核管理这几个方面进行动态闭合管理，确保各项目标的圆满实现。施工企业可以参照图 0-1 并在准备阶段、施工阶段、收尾阶段基本要求的基础上，结合工程项目实际和企业自身的管理模式，补充细化相应的控制管理措施。

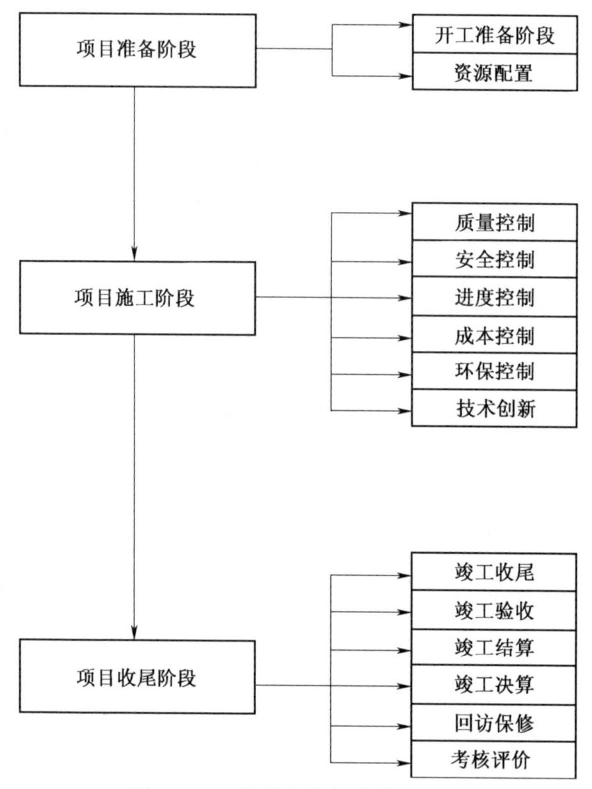

图 0-1　工程项目精细化管理框图

第一章 管理概述

第一节 管理学基本知识

管理是人类社会必不可少的社会实践活动，并随着社会的发展而发展，人们的一切工作和生活都离不开管理，管理无处不存，无时不在。管是“主其事”，理是“治其事”，简言之，管理就是管辖和治理。管理的基本原则就是用力少，见功多；管理的核心就是处理人与事的艺术；管理的目的就是求取效率和效果最大化。

一、管理的定义

管理就是在社会活动中，一定的人和组织依据所拥有的权利，通过一系列职能活动（计划、组织、指挥和控制），对人力、物力、财力及其他资源进行协调或处理，以达到预期目标的活动。

二、管理的性质

1. 管理的二重性

其一是与生产力相联系，通过指挥工作表现出来的自然属性，其二是与生产关系和社会文化相联系，通过监督工作表现出来的社会属性。

管理的自然属性表明要大胆地引进和吸收国外成熟的经验，学习、借鉴发达国家先进的管理经验和方法，来提高管理水平；管理的社会属性则表明，决不能全盘照搬国外做法，必须考虑自身的国情和文化，逐步建立和不断完善有自己特色的管理模式。

2. 管理工作不同于作业工作

管理工作是独立进行，有别于作业工作又为作业工作提供服务的活动。管理人员的工作，从本质上说，是通过他人并同他人一道实现组织的目标。在通常情况下，管理人员并不亲自从事具体工作，而是委托他人，自己则用大量的时间精力进行计划安排、组织落实、指导激励和检查控制他人的工作。

广义地讲，一切工作都存在着管理，按照物质无限分割理论，每一种作业都可以分解为更小的管理工作和更小的作业工作。如此类推，不断地细化工作内容，也就不断地提高管理水平。人人懂管理，人人会管理，这是企业长足发展的根本。

三、管理工作的科学性和艺术性

管理是一门科学，它是在总结管理工作的客观规律基础上形成的，包括了管理工作的理论、原理、方法以及系统化的管理知识，它经过实践检验，用以指导管理工作。但管理学同数学、物理学等自然科学相比，还只是一门不精确的科学，并不能为管理提供解决一切问题的标准答案，它要求管理者要以管理的基本理论和方法为基础，结合实际，具体问题具体分析，求得问题的解决，从而实现组织的目标。从这个角度看，管理又是一种艺术，即利用了系统化的知识并根据实际情况发挥创造性的艺术。

四、管理的职能

1. 计划

它是在组织内部条件和外部环境研究的基础上，运用科学的方法对组织活动目标和实现途径做出筹划和安排，以保证组织活动有条不紊地进行。计划包括研究活动条件，制定经营决策，编制行动计划。

2. 组织

组织是指通过组织结构的设计和再设计，对组织中的每个部门、每个成员在工作执行中的分工协作关系做出合理安排。组织包括设计组织结构，配备人员，运行组织，变革组织。

3. 领导

领导是指管理者利用组织所赋予的职权和自身拥有的能力去指挥、影响和激励组织成员为实现组织目标而努力工作的一种具有很强艺术性的管理活动。领导包括指导、激励、沟通、营造组织气氛和文化建设等与人的因素有关的活动。

4. 控制

控制是指检查组织各方面的活动，保证组织实际运行状况与组织计划要求保持动态适应的一种活动。控制包括制定控制标准,衡量实际工作,鉴定偏差并采取矫正措施。

5. 管理职能间的关系

(1)计划是管理的首要职能,是组织、领导和控制职能的基础和依据;组织、领导、控制职能是有效管理的重要环节和必要手段,是计划及其目标得以实现的保障。只有协调这四个方面,使之形成连续一致的管理活动整体过程,才能保证管理工作的顺利进行和组织目标的圆满完成。

(2)管理职能间虽然存在着逻辑上的先后顺序关系,但在现实中各职能往往是有机地融合成一体的,形成各职能活动相互交错、周而复始地不断反馈和循环的过程,无法区分任何职能是起点还是终点。

五、管理人员的分类和要求

1. 管理人员按其所处的管理层次分为高层管理人员、中层管理人员和基层管理人员。

(1)高层管理人员,是指对整个组织的管理负有全面责任的人。他们的主要职责是制定组织的总体目标和战略,掌握组织的大政方针并评价整个组织的绩效。在外界交往中,往往代表组织。

(2)中层管理人员,是指处于高层管理人员和基层管理人员之间的一个或若干个中间层次的管理人员。他们的主要职责是贯彻高层管理人员所制定的重大决策,监督和协调基层管理人员的工作。与高层人员相比,中层管理人员更注重日常的管理事务。

(3)基层管理人员,也称一线管理人员,组织中处于最低层次的管理者,他们的主要职责是给下属作业人员分派具体工作任务,直接指挥和监督现场的作业活动,保证各项任务有效完成。

2. 管理人员按其所从事的领域及专业性质分为行为管理和业务管理。

(1)行为管理侧重于对组织成员行为的管理,由此而产生了组织的设计、机构的变革、激励条件、工作计划、个人与团队的协作、文化习惯的管理。

(2)业务管理侧重于对组织的各种资源的管理,比如财务、材料、生产、销售等相关的管理。

3. 管理人员按技能要求分为技术技能、人际技能和概念技能。

(1) 技术技能，是指使用某一专业领域内有关的程序、技术、知识和方法完成组织任务的能力。

(2)人际技能，是指与处理人际关系有关的技能，如沟通能力。

(3)概念技能，是指综观全局，洞察企业与环境要素间相互影响和作用的能力。具体地包括感知和发现环境中的机会与威胁的能力、理解事物的相互关联性并找出关键影响因素的能力、权衡不同方案的优劣和内部存在风险的能力。

对于不同层次的管理者而言，这三种技能的重要程度是不同的。一般地，对高层管理者，最重要的是概念技能；对于基层管理者来说，由于他们最接近作业现场，技术技能格外重要；由于管理的工作对象是人，人际技能对于各个层次的管理者来说都是最重要的，甚至决定着管理工作的成败和组织的生存发展。

六、人员配备的原则

1. 因事择人原则

根据岗位要求，选择具备相应知识与能力的人员到合适的岗位，以使工作卓有成效地完成。

2. 因才使用原则

根据人的不同特点来安排工作，以使人的潜能得到最充分的发挥。

3. 人事动态平衡原则

要求以发展的眼光看待人与事的关系，不断根据情况的变化，进行适时调整，以实现人与工作的动态平衡及最佳匹配。

4. 内外结合原则

要将内部培养和提升与外部选聘有机地结合起来，既要调动员工的积极性，又要适时输入新鲜血液。

七、管理学的相关理论

【蝴蝶效应】【青蛙现象】【鳄鱼法则】【鲇鱼效应】

【羊群效应】【刺猬法则】【手表定律】

【破窗理论】【二八定律】【木桶理论】【马太效应】

【鸟笼逻辑】【责任分散效应】【帕金森定律】
【晕轮效应】【霍桑效应】【习得性无助实验】
【证人的记忆】【罗森塔尔效应】【虚假同感偏差】

第二节　企业管理与文化

一、企业管理

企业管理就是对企业的生产经营活动进行组织、计划、指挥、监督和调节等一系列职能的总称。所谓职能是指人、事物或机构应有的作用。

二、企业文化

企业文化就是处于一定社会经济文化背景下的企业在长期的发展过程中逐步生成和发展起来的独特价值观，以及以此为核心而形成的日趋稳定的行为规范、道德规范、群体意识和风俗习惯等。它对企业各个职能管理的制定和执行都会产生重大影响。

三、企业管理的基本制度

1. 产权制度，指界定和保护参与企业的个人或经济组织的财产权利的法律和规则。

2. 组织制度，即企业组织形式的制度安排，它规定着企业内部的分工协作、权责分配关系。

3. 管理制度，是指企业在管理思想、管理组织、管理人才、管理方法、管理手段等方法的安排。

四、企业管理的基本要求

1. 学习研究企业管理的基本理论和原理，并在实践中灵活运用。

2. 建立个性化的企业管理组织系统，并在过程管理中不断优化。特别是人才的选拔任用和管理队伍的建设。

3. 运用信息化管理系统，提高工作效率。

4. 用企业文化引导和团结员工，用企业管理组织系统培训员工，达到全员认可及全力支持。

五、企业管理的三个阶段

1. 物本管理

在管理过程中把人当作“机器人”，通过管理制度严格控制与约束来达成管理目标。强调管理者要制定严厉的管理制度、规章和严格的工作规范，加强对员工的法规管理；用权力和控制手段来保护组织的利益和引导员工为其工作；用金钱刺激员工的积极性，对消极怠工者采取严厉的惩罚措施。

2. 人本管理

即人性化管理，就是指在管理中强调以人为中心，通过调动人力资源的积极性，去发挥其他资源的作用从而达成管理目标。它认为人除了经济利益以外，还有许多社会需要，管理者不仅要关心工作，更要关心、了解员工的情感与需要，创造机会让员工获得并满足各种需要。

3. 心本管理

心本管理是指管理的关键是抓住人心，让员工自觉自发地参与管理，并积极主动工作以达成管理目标。心本管理的特点是攻心为上，通过沟通、教育与激励触及人的思想与心灵，让员工自觉自发地建立相同的价值观和社会观，也就是组织文化建设的高级阶段。从而真正发挥出人的主观能动性、积极性和创造性，极大地提高劳动的生产率。

4. 三个阶段的特点

物本管理重在对人的控制，人本管理重在对人的尊重，心本管理是人本管理的进一步升华，由心灵的外在感动，转为管理者与员工的内心自觉行动，达到人力资源效率的自动化和最大化。

5. 实践中的运用

关键是管理者要根据组织所处的内外环境具体问题具体分析，综合运用物本管理、人本管理和心本管理，扬长避短，发挥积极作用。

(1)在组织发展初期或小企业中以物本管理为主；在组织成长期或中等企业中以物本管理和人本管理为宜；在组织成熟期或大型企业中以人本管理和心本管理为好。

(2)在执行性组织、劳动密集型企业中以物本管理为主，辅以人本管理;在科研院所等技术密集型组织中以人本管理和心本管理为宜。

(3)在比较落后、比较混乱的组织中应以物本管理为宜;在比较规范、比较和谐的组织中以人本管理和心本管理为宜。

(4)领导刚上任或下属很不成熟时以物本管理为宜;领导有很高的威信或下属较成熟时以人本管理和心本管理为宜。

六、中国式管理模式

指以中国传统管理哲学为基础,妥善运用西方现代管理科学,充分考虑中国的文化传统及心理行为特征,以达成更为良好的管理效率和效果。它强调管理就是修身安人的过程,在严格的管理制度下,适时适地引入亲情、友情和温情,乐善好施,扶危济困,使组织的内外环境和发展健康、和谐、有序。

七、平衡记分卡

是从财务、客户、内部经营、学习与成长四个角度,将组织的战略落实为可操作的衡量指标和目标值的一种新型绩效管理体系。它主要是通过图、卡、表来实现战略的规划。

平衡记分卡是绩效管理中一种新的管理方法和管理思路,适用于企业或部门的团队考核。它是在传统的单一使用财务指标衡量业绩的基础上,加入未来的驱动因素,即客户因素、内部经营管理过程和员工的学习成长。这四个方面是相互联系、相互影响的,各个指标的实现,最终保证了财务指标的实现。

平衡记分卡反映了财务、非财务衡量方法之间的平衡,长期目标与短期目标之间的平衡,外部和内部的平衡,结果和过程的平衡,管理业绩和经营业绩的平衡等多方面。

平衡记分卡方法设立的考核指标既包括了对过去业绩的考核,也包括了对将来业绩的考核,所以能反映组织综合经营状况,使业绩评价趋于平衡和完善,利于组织长期发展。

事实上,很多企业的考核指标都很全面,囊括了平衡记分卡四个方面的内容,但是项目太多,主次不清晰,多为应付差事,而且无人进行系统总结,无法形成理论,故而难以完善和推广应用。

八、企业风险管理

企业围绕总体经营管理目标，通过在生产经营管理的各个环节设置风险管理流程，培育企业风险管理文化，建立健全企业风险管理体系，达到防控企业风险、降低或者转移损失，保证企业健康高效运行的管理机制。包括风险规划、风险识别、风险分析和评估、风险处理及风险监控等五个阶段。

企业进行风险管理，应建立完善的风险管理体系，设置企业内部的风险管理领导机构，总体负责企业的风险识别、风险评估和风险处理工作。企业风险管理体系应包括风险管理策略、风险理财措施、风险管理的组织职能体系、风险管理信息体系和内部控制系统等内容。

第三节　精细化管理

一、精细化管理的概念和内涵

1. 精细化管理的概念

精细化管理是以持续改进为核心，以精细操作为基础，充分有效地运用各种资源，追求效率效益最大化的一种管理理念、一系列管理方法和一个管理过程的总称。

2. 精细化管理的内涵

就是五精四细，即精华(文化、技术、智慧)、精髓(管理的精髓、掌握管理精髓的管理者)、精品(质量、品牌)、精通(专家型管理者和员工)、精密(各种管理、生产关系连接有序、精准)，以及细分对象、细分职能和岗位、细化分解每一项具体工作、细化管理制度的各个落实环节。

二、精细化管理的四个特征

精细化管理的四个特征就是精、准、细、严。

1. 精，是做精、求精，追求最佳、最优。

2. 准，是准确、准时。

3. 细，是做细，把工作做细、管理做细、流程做细。

4. 严，就是严格执行，主要体现在对管理制度和流程的执行与控制。

三、精细化管理的原则

精细化管理的原则包括复杂的事情简单化原则，简单的事情流程化原则，流程化事情定量化原则，定量的事情信息化原则。

四、精细化管理的主要途径

精细化管理的主要途径包括细化、量化、流程化、标准化。

1. 细化

细化包括横向细化、纵向细化、衔接细化和责任细化，就是管理不缺项，每项不出错，环环紧密相扣，事事有人管。

(1)遵循二八定律，坚持要事第一。注意本末、轻重、缓急。

(2)寻找带有倾向性的问题，抓住关键细节。不同企业或同一企业不同时期的关键细节不同，不同的人所要关注的细节也不尽相同。

(3)运用木桶理论，做好衔接工作。也就是既考虑短板效应，同时又考虑木板间的配合。

2. 量化

量化就是目标量化，标准量化，考核量化，强调用数据说话。

(1)定性更要定量。

(2)灵活运用模糊数据(评分法、等级等)。

(3)充分利用信息化手段。

(4)通过量化更好地解决问题。

3. 流程化

流程化就是将任务或工作事项，沿纵向细分为若干前后相连的工序单元，将作业过程细化为工序流程，然后进行分析、简化、改进、整合、优化。

在分析研究的基础上，设计新的流程，并通过对相关人员的有效培训，制作新的工作手册、岗位说明书，贯彻实施新的工作流程。

4. 标准化

标准化就是组织的标准化，即管理制度化；个人的标准化，即作业规范化。

(1)管理制度要清晰、合理、稳定，具有警告性、严肃性、即时性和公平性四个基本特征。

（2）作业要有相应的标准、有效的辅助手段、足够的培训和严格的检查制度。

五、精细化管理的意义

精细化是针对过去企业粗放化管理而提出的在管理上的精耕细作。精细管理强调目标的细化、分解、落实，强调数量化和精确化。精细化管理以提高企业经营绩效为目的。通过对企业战略目标的细化、分解、落实，保证企业战略能够在各个环节有效贯彻并发挥作用；通过细化企业管理单元，明确管理目标，改进管理方式，确保企业管理思想高效、准确落实到位。

（1）对企业而言，精细化管理是提升企业竞争能力的需要，企业通过管理的精细化，使管理系统更加协调有效，管理更加科学规范，企业更有竞争力。

（2）对企业成员而言，个人通过参与到精细化管理的过程中，提升了职业素养，培养和开发了个人的潜在管理才干，为职业生涯的进步奠定良好的基础。

（3）精细化管理的最高境界是人人都成为管理者。通过接受管理—参与管理—自我管理的过程，不断地自我完善，提升业务水平，获取更大的人生价值。

六、精细化管理的要求

精细化管理的要求是领导高度重视、克服文化障碍、注意循序渐进、能够持之以恒。

第四节　施工企业管理探讨

施工企业经过二十多年风风雨雨的市场化运作，现代企业的管理框架已基本形成，各项管理体系和制度也逐渐完备，各级管理人员的知识结构层次也在逐渐提高，思想理念尤为活跃，这为企业的发展壮大奠定了良好的基础。但由于我国市场化经济发展的局限性和不完善性，以及外部环境的一些不良影响，一些施工企业在人才任用、工作作风、制度完善和监督等方面存在着严重的管理缺陷，直接影响了施工企业的安全、质量、进度和利润等方面，影响了企业健康有序的可持续发展。

为了企业健康有序的可持续发展，我们要不断加强制度建设和管理创新，完善人才任用和培育机制，提高企业的核心竞争力。这也就是同类施工企业、同一个大环境下，有的管理成效显著，而有的管理很不理想的原因，这充分说明了管理实施过程的重要性，也就是常说的事在人为。下面就施工企业管理中的一些问题谈谈思考和认识。

一、干部任用

干部的任用要严格按照思想品质、管理水平和业务素质来考核，着力于干部的良心、公心和责任心。要公开、公平、公正地为企业选拔优秀人才，为职工挑选带头人和贴心人。

1. 思想品质

特别是企业第一管理者的道德水准。如果一个人道德水平低下，则其任用的会是小人和庸人，凡事必以一己私利为重。孔子曰："苟患失之，无所不至矣。"这样的干部不会一心一意谋求企业的发展和职工的幸福，而是处处谋求私欲，结党营私，排除异己，中饱私囊。即使有某些方面的才干，也难以用于正途，再好的制度和政策也难以执行到位，导致员工人心浮动，怨气四起，人才外流，企业发展没有后劲，贻患无穷。一个单位想发展好很不容易，但管理人员道德标准的缺失却容易使企业很快出现问题。所以任用企业主要管理者时，特别是第一管理者时，上一级企业的主要负责人一定要慎之又慎，要广泛地听取不同阶层人员的意见，要亲临基层调查研究，听口碑，看业绩，重实效，下工夫全方位考察。须知，一个品德不佳的人，会使许多干部和员工没有信心，危害整个企业的生存和发展。当然，对于基层专业人才的任用，主要以才能为主，但应因势利导地控制其私欲，根据具体表现安排适宜的工作，并做好监督考核工作，不要求全责备。

事实上人的道德品质自古就有"性本善"和"性本恶"之说，按照现代科学来分析，人属于高级动物，自身内部也存在着动物的某些本能，即为自身利益而做出一些"善"、"恶"之举，只是人对外界的影响而激发出来的

"善"、"恶"程度不同，所以人的道德品质只有在生活和工作中遇到问题时才能显露出来，特别是遇到重大问题时更能暴露出"大善"和"大恶"。因而在选拔任用干部时首先要看其以往的作为和口碑，特别是以往的大是大非；其次要采取多种手段引导干部向"更善"的方面发展，并通过监督和奖惩控制其"恶"的一面。

2. 管理水平

任用干部一定要满足岗位的管理要求，即所谓的帅有帅才，将有将才；管理能力固然有天生的因素，但更需要的是后天的培养。由于一个人的成长经历、工作环境不同，他对各种事物的适应程度和认知水平也不尽相同，在安排工作或处理问题时会出现某些方面的偏重，甚至大相径庭。这就要求在任用干部时要深入了解考察对象的阅历和业绩，要建立一种行之有效的人才培养体系，为企业的持续长久健康发展培养并储备各类优秀人才，从而保证企业在激烈的市场竞争中立于不败之地。

管理水平的高低也是一个人素质能力的直接体现。素质能力包括智商、情商和逆境商等。智商使人抓住机会，情商使人利用机会，逆境商使人不轻易放弃机会。其中情商在素质能力中占有很大的比重，所谓情商就是指一个人对环境和情绪的掌握能力，表现在以下几个方面：认识自身情绪的能力，即行动的依据；妥善管理情绪的能力，即自我协调；自我激励的能力，即鞭策、约束；认知他人情绪的能力，即判断、反映；社会交往的能力，即人际交往、天赋。所以选拔任用干部时一定要了解被任用者的具体情况和以往的管理水平，人尽其才，并切实做好培训工作，不断提升素质能力。

3. 业务素质

业务素质就是专业技术水准，领导干部只有懂业务才能更好地管理生产，才能根据不同的意见更好地集思广益解决问题；当然，领导者的位置不同，对技术业务精通程度的要求也不尽相同。须知，知人善任、娴于驾驭是高层领导干部最大的业务技术。

二、干部的监督和考核

特别是要加强对领导干部的日常监督。有些领导，长时间任职以后，就放松了理论学习并放弃了勤勤恳恳的良好作风，贪图富贵、追求享乐，染上了旧官场的恶习；这就要求上级领导和干部管理部门要定期或不定期地进行明察暗访，倾听不同阶层的声音，要到现场检查，根据发现的问题，确定责任人和管理者的责任，追究领导干部的管理责任，如日常管理是否到位，工作方法是否欠缺，工作作风是否踏实等，进而判断其是否能够胜任岗位工作，是否需要教育和培训，是否继续观察还是需要立即调整等。要及时和干部谈心，提出批评改进意见，防微杜渐，治病救人；对确实不能胜任本职工作的干部，要及时调整，决不能存在好人主义，看面子，讲关系，更不能姑息养奸，留下隐患。

值得深思的是被提拔的干部出了问题，往往追究不到提拔使用部门和人员的责任，为了加强领导干部的问责力度，要改变管理思路，要对举荐人进行连带责任追究，谁举荐，谁负责，谁监督，要将干部的日常考核监督纳入举荐人的业绩考核当中。工程项目协作队伍的问题处置也可按照以上办法，谁推荐，谁负责。

三、制度化管理

各项工作都要用制度去管理，明确管理的权限和目标。但不少企业的管理制度过于笼统，缺少详细的实质性内容；有些企业的第一管理者仍实行“人治”，如干部任免、任职时间、责任追究等。人非圣贤，孰能无过，个人的成长过程、工作阅历及喜怒哀乐都会影响人们的思维，影响人们对客观世界的认知程度，也影响企业的运作和相关决策，企业的“一言堂”和领导干部的“终身制”将使企业和部门的管理教条化、僵硬化，企业的发展就会缺少动力和活力，所以“绝对权力”在市场经济建设中弊端太大，必须摒弃。这就要求上一级的主要领导者要采用各种方法监督下一级企业在选拔任用干部时的所作所为，并责令企业制定翔实的管理制度。

四、层次化管理

韩非子曰：“下君尽己之能，中君尽人之力，上君尽人之智。”这就是说高明的管理者要会用人，要根据工作的性质、规模和责任大小，按照制度化管理的要求，进行分级分权管理，不要事无巨细，事必躬亲，疲于日常杂事，要把主要精力放在企业的创新和发展上。实际上，层次化管理在市场化运作比较充分的企业做得比较到位，但在垄断企业和个别行业中还远远不够，施工单位对于应急工程等特殊情况，企业领导者更要适时适地地授权相关责任人，确保目标顺利实现。

值得注意的是层次化管理中各层次管理人员的管理水平必须满足岗位要求，要有明确的考核目标，须知，没有考核的管理是无效的管理。

五、管理幅度

也称管理跨度，就是一个主管人员有效领导的直接下属的数量。管理幅度过大，会造成指导监督不力；管理幅度过小，又会造成主管人员配备增多，管理效率低下。影响管理幅度的主要因素有工作能力、工作内容和性质、工作条件及工作环境。

施工企业的管理幅度一定要根据本单位的管理水平和工程状况实事求是地确定，工程项目由于自身的复杂性、一次性和流动性，不可能像超市等连锁企业一样管理。管理幅度的设置必须以对成本等进行可靠的掌控为准，这种掌控不是事事汇报，处处指示，而是按照制度去管理，必须对工程的进展和财务状况等了如指掌，要抓大放小，并采用各种方式对管理人员进行培训。

六、企业决策

企业的决策要公开化、民主化、科学化，这也是制度化管理的基本要求，古人云："天下大势谋之贵众，断之贵独，虑之贵详，行之贵力。"但在一些企业，决策过程随意化，如工程的招投标和项目经理的任免等重大事宜缺少详细的研究和论证。一些企业对投标项目没有进行严格的现场调查和专家评审，对项目经理的任用没有经过反复酝酿和民主评议，对工程项目的管理没有详细的责任目标和企业责任人，造成一些工程已经实施才发现投标失误或项目经理不称职，甚至直到竣工才发现问题，如亏损严重，项目安全、质量和工期等管理失控，财务亏损触目惊心。这就需要上一级企业负责人监督下一级企业完善制度管理的内容，详细分析问题原因，根据相关制度追究有关领导的管理责任。

七、工作作风

工作作风就是对待工作的态度和行为特征。受社会上不良风气的影响，干部和职工思想观念也受到了影响，如工作不踏实，作风浮躁，追求享乐；检查工作走形式，遇到问题不落实，缺少进一步的详细分析和研究，不求甚解，得过且过。工程建设中出现的各类事故，并不总是由技术难题引起的，大多是各级管理者的责任心缺失造成的。企业管理和项目管理首先要求主要管理者要以身作则，古人云："其身正，不令而行，其身不正，虽令不从"；其次，要有详细的管理制度，靠制度规范和约束员工行为；再者，管理者也要转变观念，积极研究应对策略，根据实际情况做好各种形式的承包责任制，鼓励员工用技术和汗水创造自己的幸福。

八、问题的处置

对工作中出现的问题或事故进行分析时，往往首先分析的是人员的责任和基层管理者的责任，却对单位制度的设计缺陷、规章规定是否合理等缺乏足够的分析研究，不敢或难以追究上级单位的深层管理问题；习惯于就事论事，定性了事，没有定量地详细分析管理体系中的系统问题。有些部门不考虑本单位和下属单位的实际情况，不考虑工程状况，盲目攀比，随意发文，不是切实解决实际问题，而是为了推卸自身的责任，假大空话连篇，敷衍了事。出了问题都是下面的责任，有了成绩都是上面的业绩，企业内部人心浮动，怨气四起，问题不断。说到底，很多问题都是上级领导用人不当、监督不严而造成的，要追究的首先是各级领导的责任。

九、纪律

就是为维护集体利益并保证工作进行而要求成员必须遵守的规章、条文。有三种基本含义，其一是指惩罚，其二是指通过施加外来约束来达到纠正行为目的的手段，其三是指对自己行为起作用的约束力。

毛主席说过，"加强纪律性，革命无不胜"；古人曰："百官于是乎戒惧而不敢易纪律"，"观良将之用众也，纪律必严，赏罚必信"，"法令行则国治，法令弛则国乱"。纪律是我们一切行为的准则，大到一个国家、一个政党，小到一个单位、一个部门，如果赏罚不明，纪律松懈，则迟早要灭亡的。

受社会大环境的影响，纪律松懈、无所作为的风气逐渐蔓延到施工企业，上级领导讲话随意，单位部门发文随意，下级单位执行随意，出了问题处理随意；这种不良风气影响了领导的威信，影响了企业的公信度，关乎着企业的生存和发展,决不能等闲视之,要坚决刹住这种歪风邪气。一方面,领导干部的讲话、要求和规章制度一定要集思广益,反复斟酌,要深入基层调查研究,出台的办法和要求一定要符合实际、条文清晰、便于操作,并具有一定的前瞻性,而且还要随着社会的发展、环境的变化而适时调整。另一方面,已经形成的各项规章制度和要求一定要严格执行,“命严方可以肃兵威,令重始足于整纲纪”。真正做到“有法必依、执法必严,违法必究”,不搞“下不为例”。事实上,我们很多企业的规章制度还是比较完备的,现阶段纪律的最大问题是执法太松,看关系、讲面子,出现问题和稀泥、不作为,缺乏强有力的监管。

十、继续学习和教育

继续学习和教育包括各级管理人员和员工的教育学习。在信息大爆炸的年代,及早准确地掌握各种知识,补充各种有益的营养至关重要,但有些企业领导及各层管理人员长期不学习或学习走过场,固步自封,夜郎自大,不了解现代社会的经济形势和企业的管理水平,不了解员工的业务水平和思想状况,思想僵化,处处被形势牵制,把握不住社会发展的脉搏,更不用说“弄潮儿向涛头立,手把红旗旗不湿”了。

所以,企业和项目部要制定详细切实有效的培训学习计划,并根据社会形势和自身情况增加和丰富内容,一要加强理论学习,包括社会、经济、政治等方面的学习;二要加强业务学习,包括职工业务知识和各类管理人员业务素质的提高。学习的方法有自学、教学和参观学习;不仅要请本单位和外单位的优秀人才进行授课,还要请大学和科研机构的专家进行各层次、各方面的授课,要注重实效,更新观念,开阔视野,不断地提升综合理论水平和道德修养水平,为企业持续良好的发展打下坚实的基础。

第五节　著名案例

案例1　德国最蠢的银行

一、案例经过

2008年9月15日上午10时,具有158年历史的美国第四大投资银行——雷曼兄弟公司，向法院申请破产保护。消息瞬间通过电视、网络传遍地球的各个角落。令人匪夷所思的是，10 时 10 分，德国国家发展银行居然按照外汇掉期协议，通过计算机自动付款系统，向雷曼兄弟公司的银行账户转入 3 亿欧元，折合人民币 30 亿元。毫无疑问，这笔钱将一去不回。

二、案例调查

转账风波曝光后，德国社会各界一片震惊。德国财政部长佩尔·施泰因布吕克发誓一定要查个水落石出，并严惩相关责任人。受财政部委托的一家法律事务所，很快进驻银行进行调查。调查报告很简单，只不过是一一记载了被询问人员在这 10 min 内忙了些什么。具体情况如下。

1. 首席执行官乌尔里奇·施罗德：我知道今天要按照协议预先的约定转账，至于是否撤销这笔巨额交易，应该让董事会开会讨论决定。

2. 董事长保卢斯：我们还没有得到风险评估报告，无法及时做出正确的决策。

3. 董事会秘书史里芬：我打电话给国际业务部催要风险评估报告，可是那里总是占线。我想，还是隔一会再打吧。

4. 国际业务部经理克鲁克：星期五晚上准备带全家人去听音乐会，我得提前打电话预定门票。

5. 国际业务部副经理伊梅尔曼：忙于其他事情，没有时间去关心雷曼兄弟公司的消息。

6. 负责处理与雷曼兄弟公司业务的高级经理希特霍芬：我让文员上网浏览新闻，一旦有雷曼兄弟公司的消息就立即报告，现在我要去休息室喝杯咖啡。

7. 文员施特鲁：10 时 3 分，我在网上看到雷曼兄弟公司向法院申请破产保护的新闻，马上跑到希特霍芬的办公室。当时，他不在办公室，我就写了张便条放在办公桌上，他回来后会看到的。

8. 结算部经理德尔布吕克：今天是协议规定的交易日子，我没有接到停止交易的指令，那就按照原计划转账吧。

9. 结算部自动付款系统操作员曼斯坦因：德尔布吕克让我执行转账操作，我什么也没问就做了。

10. 信贷部经理莫德尔:我在走廊里碰到施特鲁克,他告诉我雷曼兄弟破产的消息。但是,我相信希特霍芬和其他职员的专业素养,一定不会犯低级错误,因此也没有必要提醒他们。

11. 公关部经理贝克:雷曼兄弟公司破产是板上钉钉的事。我本想跟乌尔里奇·施罗德谈谈这件事,但上午要会见几个克罗地亚客人,觉得等下午再找他也不迟,反正不差这几个小时。

德国经济评论家哈恩说:"在这家银行,上到董事长,下到操作员,没有一个人是愚蠢的人,可悲的是,几乎在同一时间,每个人都开了点小差,加在一起,就创造出了'德国最愚蠢的银行'。"

三、案例分析

1. CEO的基本态度和做法

作为企业的CEO,对大客户雷曼兄弟公司的基本现状应该是了如指掌,责无旁贷。在预先知道雷曼兄弟公司已经申请破产保护时,没有及时制止,却仍然按照协议照章执行,面对突发事件且对企业将要造成巨大损失时,却消极处理,让董事会开会讨论决定是否撤销该笔交易。对他的基本评价是官僚主义、教条主义严重;责任心不强;缺乏危机意志;工作作风和工作态度不端正,没有承担起自己的责任和义务,造成严重后果,应该是事件的第一责任人。

2. 董事长的基本态度和基本评价

强词夺理,敷衍塞责;优柔寡断,贻误时机;置企业利益于不顾;造成严重后果,应该是事件的第二责任人。

3. 负责处理与雷曼兄弟公司业务的高级经理的基本态度和基本评价

工作安排好后,自己去休息室喝杯咖啡,严重脱离工作岗位;面对危机事件不能积极应对及时处理,贻误时机,造成不可挽回的后果。应该是第三责任人。

4. 国际业务部经理和副经理的基本态度和基本评价

工作期间心思没有放在工作上,平时对企业对客户漠不关心,得过且过,放任自流。造成如此严重后果双方责任难逃。

5. 结算部经理和董事会秘书及文员等人员的基本态度和做法及基

本评价

他们的工作过于程序化、教条化，对企业的关心程度远远不够，可以说，他们都有一定的责任。

四、案例点评

他们没有一个人不知道事件的严重后果，但是他们却相互推诿，互相扯皮，面对企业利益受损，个个无动于衷；高管层自己不能完成自己的工作任务和应尽的职责，工作态度消极，忘记了自己的责任和义务，对企业的成败持无所谓的态度；中层管理者不能坚守工作岗位，工作马马虎虎，敷衍了事，事不关己，不闻不问，相互推诿；基层管理者也只管自身工作，对企业有害的事情消极应对，漠不关心。企业到了这种地步说明了什么？它只能说明企业已经到了积重难返，无可救药的地步。

案例2　沪东"7·17"起重机倒塌特大事故调查处理报告(摘要)

2001年7月17日上午8时，沪东中华造船(集团)有限公司船坞工地，由上海电力建筑工程公司等单位承担安装的600 t×170 m龙门起重机在吊装主梁过程中发生倒塌事故，造成36人死亡，3人受伤，直接经济损失8 000多万元。

事故调查处理报告摘要如下。

一、600 t×170 m龙门起重机建设项目基本情况

1. 龙门起重机主要参数及主梁提升方法

600 t×170 m龙门起重机结构主要由主梁、刚性腿、柔性腿和行走机构等组成。该机的主要尺寸为轨距170 m，主梁底面至轨面的高度为77 m，主梁高度为10.5 m。主梁总长度186 m，含上、下小车后重约3 050 t。

正在建造的600 t×170 m龙门起重机结构主梁分别利用由龙门起重机自身行走机构、刚性腿、主梁17号分段的总成(高87 m，重900多吨，迎风面积1 300 m^2，由4根缆风绳固定，以下简称刚性腿)与自制塔架作为2个液压提升装置的承重支架，并采用同济大学的计算机控制液压

千斤顶同步提升工艺技术进行整体提升安装。

2. 施工合同单位有关情况

2000 年 9 月，沪东造船厂（甲方，以下简称沪东厂）与作为承接方的上海电力建筑工程公司（乙方，以下简称电建公司）、上海建设机器人工程技术研究中心（丙方，同济大学和上海市科委共同建立，以下简称机器人中心）、上海东新科技发展有限公司（丁方，沪东厂三产公司）签订 600 t×170 m龙门起重机结构吊装合同书。合同中规定，甲方负责提供设计图纸及参数、现场地形资料、当地气象资料。乙方负责吊装、安全、技术、质量等工作；配备和安装起重吊装所需的设备、工具（液压提升设备除外）；指挥、操作、实施起重机吊装全过程中的起重、装配、焊接等工作。丙方负责液压提升设备的配备、布置；操作、实施液压提升工作（液压同步提升技术是丙方的专利）。丁方负责与甲方协调，为乙方、丙方的施工提供便利条件等。

2001 年 4 月，负责吊装的电建公司通过一个叫陈××的包工头与上海大力神建筑工程有限公司（以下简称大力神公司）以包清工的承包方式签订劳务合同。该合同虽然以大力神公司名义签约，但实际上此项业务由陈××（江苏溧阳市人，非该公司雇员，也不具有法人资格）承包，陈××招用了 25 名现场操作工人参加吊装工程。

二、起重机吊装过程及事故发生经过

1. 起重机吊装过程

2001 年 4 月 19 日，电建公司及大力神公司施工人员进入沪东厂开始进行龙门起重机结构吊装作业，至 6 月 16 日完成了刚性腿整体吊装竖立工作。

2001 年 7 月 12 日，机器人中心进行主梁预提升，通过 60%～100%负荷分步加载测试后，确认主梁质量良好，塔架应力小于允许应力。

2001 年 7 月 13 日，机器人中心将主梁提升离开地面，然后分阶段逐步提升，至 7 月 16 日 19 时，主梁被提升至 47.6 m 高度。因此时主梁上小车与刚性腿内侧缆风绳相碰，阻碍提升。电建公司施工现场指挥张××考虑天色已晚，决定停止作业，并给起重班长陈××留下书面工作安排，明确 17 日早上放松刚性腿内侧缆风绳，为机器人中心 8 点正式提升主梁做好准备。

2. 事故发生经过

2001 年 7 月 17 日早 7 时，施工人员按张××的布置，通过陆侧（远离黄浦江一侧）和江侧（靠近黄浦江一侧）卷扬机先后调整刚性腿的两对内、外侧缆风绳，现场测量员通过经纬仪监测刚性腿顶部的基准靶标志，并通过对讲机指挥两侧卷扬机操作工进行放缆作业（据陈述，调整时，控制靶位标志内外允许摆动 20 mm）。放缆时，先放松陆侧内缆风绳，当刚性腿出现外偏时，通过调松陆侧外缆风绳减小外侧拉力进行修偏，直至恢复至原状态。通过 10 余次放松及调整后，陆侧内缆风绳处于完全松弛状态。此后，又使用相同方法和相近的次数，将江侧内缆风绳放松调整为完全松弛状态。约 7 时 55 分，当地面人员正要通知上面工作人员推移江侧内缆风绳时，测量员发现基准标志逐渐外移，并逸出经纬仪观察范围，同时还有现场人员发现刚性腿不断地在向外侧倾斜，直到刚性腿倾覆，主梁被拉动横向平移并坠落，另一端的塔架也随之倾倒。

3. 人员伤亡和经济损失情况

事故造成 36 人死亡，2 人重伤，1 人轻伤。死亡人员中，电建公司 4 人，机器人中心 9 人（其中有副教授 1 人，博士后 2 人，在职博士 1 人），沪东厂 23 人。

事故造成经济损失约 1 亿元，其中直接经济损失 8 000 多万元。

三、事故原因分析

1. 刚性腿在缆风绳调整过程中受力失衡是事故的直接原因

事故调查组在听取工程情况介绍、现场勘查、查阅有关各方提供的技术文件和图纸、收集有关物证和陈述笔录的基础上，对事故原因作了认真的排查和分析。在逐一排除了自制塔架首先失稳、支承刚性腿的轨道基础沉陷移位、刚性腿结构本体失稳破坏、刚性腿缆风绳超载断裂或地锚拔起、荷载状态下的提升承重装置突然破坏断裂及不可抗力（地震、飓风等）的影响等可能引起事故的多种其他原因后，重点对刚性腿在缆风绳调整过程中受力失衡问题进行了深入分析，经过有关专家对于吊装主梁过程中刚性腿处的力学机理分析及受力计算，提出了《沪东“7·17”特大事故技术原因调查报告》，认定造成这起事故的直接原因是在吊装主梁过程中，由于违规指挥、操作，在未采取任何安全保障措施情况下，放松了内侧缆风绳，致使刚性腿向外侧倾倒，并依次拉动主梁、塔架向同一侧倾坠、垮塌。

2. 施工作业中违规指挥是事故的主要原因

电建公司第三分公司施工现场指挥张××在发现主梁上小车碰到缆风绳需要更改施工方案时，违反吊装工程方案中关于“在施工过程中，任何人不得随意改变施工方案。如有特殊情况进行调整必须通过一定的程序以保证整个施工过程安全”的规定。未按程序编制修改书面作业指令并逐级报批，在未采取任何安全保障措施的情况下，指挥放松刚性腿内侧的两根缆风绳，导致事故发生。

3. 吊装工程方案不完善、审批把关不严是事故的重要原因

由电建公司第三分公司编制、电建公司批复的，吊装工程方案中提供的施工阶段结构倾覆稳定验算资料不规范、不齐全；对沪东厂 600 t 龙门起重机刚性腿的设计特点，特别是刚性腿顶部外倾 710 mm 后的结构稳定性没有予以充分的重视；对主梁提升到 47.6 m 时，主梁上小车碰刚性腿内侧缆风绳这一可以预见的问题未予以考虑，对在此情况下如何保持刚性腿稳定的这一关键施工过程没有定量的控制要求和操作要领。

吊装工程方案及作业指导书编制后，虽按规定程序进行了审核和批准，但有关人员及单位均未发现存在的上述问题，使得吊装工程方案和作业指导书在重要环节上失去了指导作用。

4. 施工现场缺乏统一严格的管理，安全措施不落实是事故伤亡扩大的原因

(1)施工现场组织协调不力。在吊装工程中，施工现场甲、乙、丙三方立体交叉作业，但没有及时形成统一、有效的组织协调机构对现场进行严格管理。在主梁提升前(7 月 10 日)仓促成立的“600 t 龙门起重机提升组织体系”由于机构职责不明、分工不清，并没有起到施工现场总体调度及协调作用，致使施工各方不能相互有效沟通。乙方在决定更改施工方案、放松缆风绳后，未正式告知现场施工各方采取相应的安全措施；甲方也未明确将 7 月 17 日的作业具体情况告知乙方。导致沪东厂 23 名在刚性腿内作业的职工死亡。

(2)安全措施不具体、不落实。6 月 28 日由工程各方参加的“确保主

梁、柔性腿吊装安全”专题安全工作会议，在制定有关安全措施时没有针对吊装施工的具体情况由各方进行充分研究并提出全面、系统的安全措施，有关安全要求中既没有对各单位在现场必要人员作出明确规定，也没有关于现场人员如何进行统一协调管理的条款。施工各方均未制定相应程序及指定具体人员对会上提出的有关规定进行具体落实。例如，为吊装工程制定的工作牌制度就基本没有落实。

综上所述，沪东“7·17”特大事故是一起由于吊装施工方案不完善，吊装过程中违规指挥、操作，并缺乏统一严格的现场管理而导致的重大责任事故。

四、教训和建议

1. 工程施工必须坚持科学的态度，严格按照规章制度办事，坚决杜绝有章不循、违章指挥、凭经验办事和侥幸心理。

此次事故的主要原因是现场施工违规指挥所致。而施工单位在制定、审批吊装方案和实施过程中都未对沪东厂 600 t 龙门起重机刚性腿的设计特点给予充分的重视，只凭以往在大吨位门吊施工中曾采用过的放松缆风绳的“经验”处理这次缆风绳的干涉问题。对未采取任何安全保障措施就完全放松刚性腿内侧缆风绳的做法，现场有关人员均未提出异议，致使电建公司现场指挥人员的违规指挥得不到及时纠正。此次事故的教训证明，安全规章制度是长期实践经验的总结，是用鲜血和生命换来的，在实际工作中，必须进一步完善安全生产的规章制度，并坚决贯彻执行，以改变那种纪律松弛、管理不严、有章不循的现象。不按科学态度和规定的程序办事，有法不依、有章不循，想当然、凭经验、靠侥幸是安全生产的大敌。今后在进行起重吊装等危险性较大的工程施工时，应当明确禁止其他与吊装工程无关的交叉作业，无关人员不得进入现场，以确保施工安全。

2. 必须落实建设项目各方的安全责任，强化建设工程中外来施工队伍和劳动力的管理。这次事故的最大教训是“以包代管”。为此，在工程承包中，要坚决杜绝以包代管、包而不管的现象。首先是严格市场的准入制度，对承包单位必须进行严格的资质审查。在多单位承包的工程中，发包单位应当对安全生产工作进行统一协调管理。在工程合同的有关内容中必须对业主及施工各方的安全责任做出明确的规定，并建立相应的管理和制约机制，以保证其在实际中得到落实。同时，在社会主义市场经济条件下，由于多种经济成分共同发展，出现利益主体多元化、劳动用工多样化趋势。特别是在建设工程中目前大量使用外来劳动力，增加了安全管理的难度。为此，一定要重视对外来施工队伍及临时用工的安全管理和培训教育，必须坚持严格的审批程序，必须坚持先培训后上岗的制度，对特种作业人员要严格培训考核、发证，做到持证上岗。此外，中央管理企业在进行重大施工之前，应主动向所在地安全生产监督管理机构备案，各级安全生产监督管理机构应当加强监督检查。

3. 要重视和规范高等院校参加工程施工时的安全管理，使产、学、研相结合走上健康发展的轨道。在高等院校科技成果向产业化转移过程中，高等院校以多种形式参加工程项目技术咨询、服务或直接承接工程的现象越来越多。但从这次调查发现的问题来看，高等院校教职员工介入工程时一般都存在工程管理及现场施工管理经验不足，不能全面掌握有关安全规定，存在施工风险意识、自我保护意识差等问题，而一旦发生事故，善后处理难度最大，极易成为引发社会不稳定的因素。有关部门应加强对高等院校所属单位承接工程的资质审核，在安全管理方面加强培训；高等院校要对参加工程的单位加强领导，加强安全方面的培训和管理，要求其按照有关工程管理及安全生产的法规和规章制订完善的安全规章制度，并实行严格管理，以确保施工安全。

案例3　比三个商人更精明的专家

1999 年 4 月 5 日，美国谈判专家史帝芬斯决定建个家庭游泳池，建筑设计的要求非常简单：长 30 英尺，宽 15 英尺，有温水过滤设备，并且在 6 月 1 日前竣工。

隔行如隔山。虽然谈判专家史帝芬斯在游泳池的造价及建筑质量方面是个彻头彻尾的外行，但是这并没有难倒他。史帝芬斯首先在报纸上登了个建造游泳池的招商广告，具体写明了建造要求。很快有 A、B、C 三位承包商前来投标，各自报上了承包详细标单，里面有各项工程的费用及总费用。史帝芬斯仔细地看了这三张标单，发现所提供的抽水设备、温水设备、过滤网标准和付钱条件等都不一样，总费用也有不小的差距。

于是4月15日，史帝芬斯约请这三位承包商到自己家里商谈。第一个约定在上午9点钟，第二个约定在9点15分，第三个则约定在9点30分。三位承包商如约准时到来，但史帝芬斯客气地说，自己有件急事要处理，一会儿一定尽快与他们商谈。三位承包商只得坐在客厅里一边彼此交谈，一边耐心地等候。10点钟的时候，史帝芬斯出来请一个承包商A先生进到书房去商谈。A先生一进门就介绍自己干的游泳池工程一向是最好的，建史帝芬斯家庭游泳池实在是胸有成竹、小菜一碟。同时，还顺便告诉史帝芬斯，B先生通常使用陈旧的过滤网；C先生曾经丢下许多未完的工程，现在正处于破产的边缘。

接着，史帝芬斯出来请第二个承包商B先生进行商谈。史帝芬斯从B先生那里又了解到，其他人所提供的水管都是塑胶管，只有B先生所提供的才是真正的铜管。

后来，史帝芬斯出来请第三个承包商C先生进行商谈。C先生告诉史帝芬斯，其他人所使用的过滤网都是品质低劣的，并且往往不能彻底做完，拿到钱之后就不认真负责了，而自己则绝对能做到保质、保量、保工期。

不怕不识货，就怕货比货，有比较就好鉴别。史帝芬斯通过耐心地倾听和旁敲侧击的提问，基本上弄清楚了游泳池的建筑设计要求，特别是掌握了三位承包商的基本情况；A先生的要价最高，B先生的建筑设计质量最好，C先生的价格最低。经过权衡利弊，史帝芬斯最后选中了B先生来建造游泳池，但只给C先生提出的标价。经过一番讨价还价之后，谈判终于达成一致。就这样，三个精明的商人，没斗过一个谈判专家。史帝芬斯在极短的时间内，不仅使自己从外行变成了内行，而且还找到了质量好、价钱便宜的建造者。

这个质优价廉的游泳池建好之后，亲朋好友对其赞不绝口，对史帝芬斯的谈判能力也佩服得五体投地。史帝芬斯却说出了下面发人深省的话："与其说我的谈判能力强，倒不如说用的竞争机制好。我之所以成功，主要是设计了一个公开竞争的舞台，并请这三位商人在竞争的舞台上做了充分的表演。竞争机制的威力，远远胜过我驾驭谈判的能力。一句话，我选承包商，不是靠相马，而是靠赛马。"

只要无私无畏，娴熟地使用谈判技巧，并充分利用市场竞争机制，就没有解决不了的问题。

案例4　魏文王问医

魏文王问名医扁鹊说："你们家兄弟三人，都精于医术，到底哪一位最好呢？"

扁鹊答："长兄最好，中兄次之，我最差。"

文王再问："那么为什么你最出名呢？"

扁鹊答："长兄治病，是治病于病情发作之前，由于一般人不知道他事先能铲除病因，所以他的名气无法传出去；中兄治病，是治病于病情初起时，一般人以为他只能治轻微的小病，所以他的名气只及本乡里；而我是治病于病情严重之时，一般人都看到我在经脉上穿针管放血、在皮肤上敷药等大手术，所以以为我的医术高明，名气因此响遍全国。"

管理心得：事后控制不如事中控制，事中控制不如事前控制，可惜大多数的管理者均未能体会到这一点，等到错误的决策造成了重大的损失才寻求弥补。另一方面，也要求管理者要广交朋友，厚蓄人才，知人善任。

案例5　肥皂盒的问题

国内最大日化公司引进了一条国外肥皂生产线，这条生产线能将肥皂从原材料的加入直到包装装箱自动完成。

但是，意外发生了。销售部门反映有的肥皂盒是空的。于是，这家公司立刻停止了生产线的工作，并与生产线制造商取得联系，得知这种情况在设计上是无法避免的。

经理要求工程师们解决这个问题。于是成立一个以几名博士为核心、十几名研究生为骨干的团队。知识类型涉及光学、图像识别、自动化控制、机械设计等专业。

在耗费数十万后，工程师们在生产线上安装了一套X光机和高分辨率监视器，当机器对X光图像进行识别后，一条机械臂会自动将空盒从生产线上拿走。

另外一家私人企业司也遇到了同样的情况，老板对管理生产线的工人说："你一定要解决这个问题，否则就离开。"于是这个小工找来一台电风扇，摆在生产线旁，另一端放上一个箩筐。装肥皂的盒子逐一在风扇前通过，只要有空盒子便会被吹离生产线，掉在箩筐里。问题解决。

从空肥皂盒看博士和民工的区别，博士研究技术解决实际问题和普通工人思路不一样，把简单的问题复杂化了。

有些问题不要教条主义地"研究""探讨"，要开阔视野，观念创新，群众的智慧是无穷的，关键是管理者如何能够调动起来！

案例6　犹太人的故事

《塔木德》中有这样一个故事。一天，犹太富翁哈德走进纽约花旗银行的贷款部大模大样地坐下来。看到这位绅士很神气，打扮得又很华贵，贷款部的经理不敢怠慢，赶紧接待。

"这位先生需要我帮忙吗？"

"哦，我想借些钱。"

"您要借多少？"

"1美元。"

"只需要1美元？"

"不错，只借1美元，可以吗？"

"当然可以。像您这样的绅士，只要有担保，多借一点也可以。"

"那这些担保可以吗？"

说着，哈德从名牌皮包里取出一大把钞票堆在银行柜台上。

"喏，这是50万美元，够吗？"

"当然够！不过，你只要借1美元？"

"是的。"犹太人接过了1美元就准备离开银行，在旁边观看的银行经理此时有点傻了，他怎么也弄不明白，这个犹太人抵押50万美元就只为了借1美元？

他忙追上前去："这位先生，请等一下，我想知道你有50万美元，为什么借1美元呢？如要借30万、40万美元，我们也会考虑的。"

"啊！是这样的，我来贵行之前问过好几家金库，他们保险箱的租金都很昂贵。只有您这里的利息很便宜，一年才花 6 美分。”

这便是犹太人的精明之处。银行是存钱的地方，也是贷款的地方，贷款需要抵押。别人有大量的资金需求才来贷款，银行为了保证资金可以正常的回收，就需要超出所借资金多一些的抵押金。别人通常是希望借贷的资金越多越好而必须的抵押越少越好，而他却反其道而行之，他的抵押金用了 50 万美元，而借贷的资金只是 1 美元。这完全超出了平常人的思维。而用很高的抵押金来换取区区 1 美元的贷款是合法的，且节省了租用保险箱的费用。由此，不能不佩服他的精明。

这也给管理者以启示，在处理问题时要采取多种形式的思维模式，不要循规蹈矩、拘泥于固有思维。

第六节　管理理论总结

无论多么高深的科学技术，无论多么完备的规章制度，都需要人来执行。人的素质是第一位的，所有的管理都是人的管理。所以企业管理不仅要有科学的管理制度，还需要高超的管理艺术，管理艺术是科学理论与实践经验相结合的产物，是建立在科学基础上的，同时管理艺术要因人、因事、因时、因地而异，灵活运用；但管理者对企业的热爱、对事业的追求和对职工的关怀却是一切管理工作永恒不变的立足点和出发点。这就要求管理者要不断地学习研究各种管理理论和管理案例，从实际出发，勤于思考，以人为本，增强员工的责任心和企业的凝聚力，加强企业间的学习交流，开阔视野，科技创新，管理创新，全面提升企业的核心竞争力，使企业在激烈的市场竞争中永远立于不败之地，自强不息，引领时代潮流。

第二章 安全管理

安全，是日常生活和工作中时常提到的话题，从人呱呱落地起，安全问题将伴随着人的一生。从广义上来讲，安全包括食品安全、健康安全、交通安全、电器安全、消防安全、作业安全、设备安全、工程安全、意外伤害安全、自然灾害安全等。本文主要结合工作实践，谈一下工程施工中的安全问题。

第一节 安全的定义

什么是"安全"呢？顾名思义，"无危则安，无缺则全"，即安全意味着没有危险、尽善尽美。从辩证法的观点来看，绝对安全是不存在的，安全和危险是相对的，从这方面来讲，安全是指"客观事物的危险程度能够为人们普遍接受的程度"，当将系统的危险性降到某种程度时，该系统便是安全的，而这种程度即为人们普遍接受的状态。在一个阶段里，处于一种本质安全的状态下，可以认为是绝对安全的。如果放置在一个长期的历史状态下，安全只能是相对的。

安全生产是指在生产过程中消除或控制危险及有害因素，保障人身安全健康、设备完好无损及生产顺利进行。安全管理就是为实现安全目标而进行的有关决策、计划、组织和控制等方面的活动；主要是运用现代安全理念和科学技术，分析和研究各种不安全因素，从思想上、技术上、组织上和管理上采取有力的措施，解决和消除各种不安全因素，防止事故的发生。

第二节 安全的规律

安全管理的对象是风险，管理的结果要么是安全，要么是事故。平时所说"安全的规律"，确切地说，就是事故发生的规律，就是事故是怎样发生的。凡事都有前因后果,事故的原因就在于事故相关的各个环节中,事故是一系列事件发生的后果,就是"一连串的事件"。所以,安全管理上就有了"事故链"原理。事故让人们看到了一个锁链:初始原因→间接原因→直接原因→事故→伤害。这是一个链条,传统、社会环境、人的安全行为或物的安全状态等,又像一张张多米诺骨牌,一旦第一张倒下,就会导致第二张、第三张直至最后一张骨牌倒下,而倒下产生的能量呈几何级增长,最终导致事故的发生。按照"事故链"原理解释,事故是因为某些环节在连续的时间内出现了缺陷,这些不止一个的缺陷构成了整个安全体系的失效,酿成事故。

1. 海恩法则

海恩法则指明,任何不安全事故都是可以预防的。每一起严重事故的背后,必然有 29 次轻微事故和 300 起未遂先兆以及 1 000 起事故隐患。

海恩法则的核心说明,一是事故的发生是量的积累的结果;二是再好的技术,再完备的规章,在实际操作层面,也无法取代人自身的素质和责任心。

许多单位在安全事故的认识和态度上普遍存在"误区",即只重视对事故本身进行总结,甚至会按照总结得出的结论"有针对性"地开展安全大检查,却往往忽视了对事故征兆和事故苗头进行排查;而那些未被发现的征兆与苗头,就成为下一次事故的隐患,长此以往,安全事故的发生就呈现出"连锁反应"。一些单位发生安全事故,甚至重特大安全事故接连发生,问题就出在对事故征兆和事故苗头的忽视上。"海恩法则"是一种警示,它说明任何一起事故都是有原因的,并且是有征兆的;它同时说明安全生产是可以控制的,安全事故是可以避免的;它也给了管理者一种安全管理的方法,即发现并控制征兆。

海恩法则的执行如下:一是任何生产过程都要程序化,这样使整个生产过程都可以进行考量,这是发现事故征兆的前提;二是对每一个程序都要划分相应的责任,可以找到相应的负责人,要让他们认识到安全生产的重要性,以及安全事故带来的巨大危害性;三是根据生产程序的可能性,列出每一个程序可能发生的事故,以及发生事故的先兆,培养员工对事故先兆的敏感性;四是在每一个程序上都要制定定期的检查制度,及早发现事故的征兆;五是在任何程序上一旦发现生产安全事故的隐患,要及时报告,及时排除;六是在生产过程中,即使有一些小问题发生,可能是避免不了或者经常发生,也应引起足够的重视,要及时排除,并向安全负责人报告,以便找出这些小事故的隐患,避免安全事故的发生。

2. 必然性和偶然性

必然性和偶然性是唯物辩证法的基本范畴之一,它揭示了事物发展中的两种不同趋势。所谓必然性是指客观事物联系和发展合乎规律的、确定不移的趋势,是在一定条件下的不可避免性和确定性。偶然性则与之相反,是指事物发展的必然过程中呈现出来的某种摇摆、偏离,是可以这样出现也可以那样出现的不确定的趋势。必然性与偶然性的关系是对立统一的关系,它们之间的统一首先表现在两者总是互相联系、互相依存的,没有纯粹的偶然性,也没有纯粹的必然性。被断定为必然的东西,是由诸多的偶然性构成的,而所谓偶然的东西,是一种有必然性隐藏在里面的形式。其次,表现在两者能够在一定条件下相互过渡、相互转化。两者在事物的联系和发展过程中所起的作用是不同的。事物发展的原因是复杂的而非单一的,往往是内部和外部、主要和次要等多种原因综合起作用的结果。必然性产生于事物内部的主要原因,而偶然性则产生于事物外部的次要原因。因此,前者在发展过程中居于支配地位,决定事物发展的前途和方向,后者一般只居于从属的地位,对发展的必然过程起着加速或延缓的作用。

事故的发生都是与该生产过程相关的各要素在一定条件下发生冲突的结果。这种冲突要素主要有人、物、作业环境、生产管理等,由于某要素或某几种要素存在不安全因素,达到一定的条件发生冲突形成事故。不安全因素是事故发生的必然性,一定的条件成为事故发生的偶然性。不安全因素具体表现为以下几点,人的因素即作业人员违反安全操作规程,物的因素即生产设备及其附属设施不符合规范要求,作业环境性因素即工作的环境条件不符合规范要求,管理性因素即管理行为和规章制度不符合规范要求。一定条件即人的失误或自然条件的改变产生的不安全因素形成对人身或生产构成危害的可能。只有必然才有偶然,没有必然偶然也就不存在。

安全管理工作必须树立科学的唯物主义思想,彻底打破“事故难免论"、"天命论"等唯心主义论调，坚持安全为了生产、生产必须安全的原则，正确认识事故发生的根本原因，吸取经验教训，找出外在因素与事故发生的内在联系，坚决杜绝影响安全生产的危险因素，增强对安全生产的可控、预控和自控能力，运用现代化的安全管理方法，使生产处于预控、可控、在控和能控之中。

3. 必然王国和自由王国

必然王国是指人们在认识和实践活动中，对客观事物及其规律还没有形成真正的认识而不能自觉地支配自己和外部世界的一种社会状态，是对自然力量和社会力量无能为力的状态。自由王国则是指人们在认识和实践活动中，认识了客观事物及其规律并自觉依照这一认识来支配自己和外部世界的一种社会状态，是人们摆脱了盲目必然性的奴役成为自然界和社会关系的主人的状态。自由是对必然的认识和支配，一旦人们对客观的社会和自然的必然性有了正确的认识，并能支配它，使其服务于人类自觉的目的的时候，也就从必然王国进入自由王国。任何一个客观规律一被认识和利用，就是实现了一个从必然王国到自由王国的飞跃。

毛泽东同志讲过："人类的历史，就是一个不断地从必然王国向自由王国发展的历史。这个历史永远不会完结。在生产斗争和科学试验内，人类总是不断发展的，自然界也总是不断发展的，永远不会停留在一个水平上。因此，人类总得不断地总结经验，有所发现，有所发明，有所创造，有所前进。停止的论点，悲观的论点，无所作为和骄傲自满的观点，都是错误的。"这就要求在安全管理中既要遵守以往行之有效的各项管理制度，也要根据新技术、新情况不断补充和完善新的管理制度并严格执行；既要承认自然灾害的某些不确定因素，也要根据科学技术的发展和人们安全理念的发展，不断采取先进技术和先进理念逐渐消除和避免某些不确定因素，使自然灾害造成的损失减少到最小。

人类的发展历史一直伴随着人为或意外事故和自然灾害的挑战，从远古祖先们祈天保佑、被动承受到学会亡羊补牢，凭经验应对，一步步到近代人类扬起"预防"之旗，直至现代社会全新的安全管理理念和安全文化科学理论的建立。这一历史的进程，记录了人类认识自然、改造自然，从必然王国进入到自由王国的演变过程；也是人类安全哲学思想——人类对安全活动的认识论与方法论的不断总结、提高升华的过程。

第三节 安 全 文 化

一、安全文化的含义及特点

安全文化是安全价值观和安全行为准则的总和。安全价值观是安全文化的核心结构,安全行为准则是安全文化的表层结构。安全文化包括两个重要组成部分,一是科学理论,包含了安全科学原理、安全管理学、安全行为学、安全心理学、安全经济学、安全哲学、安全史学、安全法学等重要学科和安全风险控制理论,是安全文化建设的理论根基。二是科学实践,安全文化是在人类生产生活的实践中产生、总结、提炼出来的,必将在实践中得到极大的丰富。安全文化具有以下特点,它是人类了解自然、改造自然、保护自然进程中生产、生活活动的产物;是建立在正确的认识论和方法论的基础之上;是企业文化的一个重要组成部分;是人本文化,对劳动者发挥自我、完善自我和身心健康都要倾注极大的人文关怀;对劳动作业环境的研究、设计与建设,对作业工器具的研究、设计都要体现极大的人性化。

二、安全文化的理念

理念是一种认识的表现,是思想的基础,行为的准则。进行现代安全活动,需要有正确的安全观指导,只有对生命的安全态度和观念有着正确的理解和认识,并具备了科学可靠的安全行为艺术和技巧,人类的安全活动才算走进了文明时代。那么现代社会需要什么样的安全文化理念呢?

(1)安全第一的哲学观。“安全第一”是人类在生产、生活活动过程中,与自然界发生矛盾时必须遵循的原则。体现在以下几个方面,在思想认识上安全高于其他工作;在组织机构上安全权威大于其他组织或部门;在资金安排上安全强度的受重视程度高于其他工作所需资金;在知识更新上,安全知识(规章制度)学习先于其他知识培训和学习;当安全与生产、经济、效益发生矛盾时,安全优先。安全既是企业的目标,又是各项工作的基础。

(2)重视生命的情感观。世界上最宝贵的是生命。安全维系人的生命安全与身体健康,对安全的重视程度能折射出对生命的重视与关怀。以人为本,对员工生命安全和身体健康的重视与关爱就是最基本的以人为本。对于管理者和组织者,应该用“热情”的宣传教育激励员工;用“衷情”的服务支持安全监察和安全技术人员；用“深情”的关怀保护温暖员工；用“绝情”的管理和考核爱护员工；用“无情”的事故启发员工。尊重与保护员工的生命与人身安全是各级管理人员应有的情感观。

(3)安全就是效益的经济观。安全经济学研究成果表明，安全经济规律有以下几个，事故损失占GNP(国民经济总产值)的2.5%；合理条件下的安全投入产出比是1∶6；安全生产贡献率达1.5%～6%。实现安全生产，保护员工的生命安全与健康，是保障生产顺利进行、企业效益实现的基本条件。安全不仅能给企业带来可观的经济效益，而且对内有利于员工队伍的稳定，增强企业的凝聚力；对外有利于树立企业良好的形象并保证社会的稳定。“安全就是效益”，把“以安全生产为基础，以经济效益为中心”有机的结合统一起来。

(4)预防为主的科学观。现代化工业生产系统是人造系统，这种客观存在的生产活动给预防事故提供了基本的前提。从理论和客观上讲，任何事故都是可以预防的。要高效、高质量地实现安全生产，必须走预防之路。管理者应该通过各种对策与努力，从根本上消除事故发生的隐患，把事故的发生率降低到最小程度。采用现代化的安全管理技术，变纵向单因素管理为横向综合管理，变事故管理为隐患管理，变事故后处理为事先分析预控，变管理对象为管理动力，变静态被动管理为动态主动管理。只有做到这些才能彻底实现本质安全化。预防为主的科学观是实现工业生产本质安全化必须树立的观念。

总之，安全文化是人类与自然长期抗争经验的总结，是人类在生存的历史长河中认识论、方法论不断提炼升华的结晶，是宝贵的精神财富。安全文化建设是现代高科技条件下生产和生活活动安全保证的必由之路。现代安全文化建设必须以“人本管理”为出发点和落脚点，对生产活动的各个环节进行人性化管理；以关心人、培养人、挖掘人、塑造人为手段，挖掘提升劳动者的智慧潜能，培养造就出一支安全意识强、技术水平高、心理素质过硬，道德高尚的员工队伍，确保各项工作健康有序的发展。

第四节　施工生产安全事故原因剖析

在企业内部的管理文件和工程的施工组织设计中，安全保证体系和安全管理制度应有尽有。在施工现场，各部门、各责任人的安全生产责任制和安全生产奖罚办法也很齐全，安全生产方面的标语和警示牌也处处可见。可是，安全事故仍然频频发生、屡见不鲜，主要有以下几个原因。

其一是认识问题，首先是企业领导和项目经理的认识问题。没有以人为本的安全理念，没有真正认识到安全和效益的辩证关系，不是在安全上下工夫抓管理，而是把安全当做生产的附属，甚至当做累赘，对安全隐患熟视无睹，存在着侥幸心理。

其二是管理问题，首先是企业领导和项目经理的管理问题。安全生产往往是讲在嘴上、写在纸上、挂在墙上。提起安全，领导者往往是言辞慷慨，震耳发聩，甚至哽咽不止，令人感叹。可是，在单位内部管理上，却不把安全列入考察干部、评价工作的重点，不是把德才兼备的人员充实到安全管理人员队伍中，而是将“闲杂人员”安排到安全部门；不是给安全管理人员一定的权限和待遇，而是盲目横向比较，甚至不支持安全人员的工作。

其三是作风问题，首先是项目经理和各级管理人员的作风问题。作风浮躁、贪图享受，工作不踏实、检查不细致，处理问题不果断，落实问题不及时。

其四是水平问题，首先是项目经理和各级管理人员的业务水平。项目部没有安全定期学习制度，管理人员对各项安全规定一知半解、不思进取；安全技术交底照书抄写，没有针对性；对施工人员进场把关不严、教育不严、培训不到位；现场检查熟视无睹，发现不了问题，更处理不了问题。

现阶段国内大规模的基本建设和社会上的不良思潮，给安全质量管理工作造成巨大的压力。一些建筑市场管理混乱、鱼龙混杂；一些施工单位管理能力与承担任务的能力极不配套，却利用关系天南海北到处接活，工程项目遍地开花，并层层转包和分包；项目部管理人员责任心不强、水平低，不敢管理或不会管理；监理单位亦是如此，监理公司盲目扩张，线长面广，人员严重不足，且业务水平普遍偏低。可以说，在一些工地，施工安全和质量的好坏全靠民工队的自律，项目部和监理无所作为，是安全质量问题不断发生的根本原因。

第五节　强化安全管理的措施

我们无法解决社会上的一切问题，但可以通过努力解决和控制好自身的安全问题。这就是为什么同一个社会、同一个业主，有的施工企业安全就好，有的施工企业安全就差；同样，同一个企业，同一类工程，为什么有的项目部安全就好，有的项目部安全就差。这就充分说明了“事在人为”的道理。遇到问题，不能怨天尤人，只有充分发挥主观能动性，加强学习，加大管理力度，严格执行各种管理规定，安全工作就会蓬勃向上，健康发展。下面就一些认识简述如下。

1. 安全管理工作是一个系统工程。国家、社会、单位和个人都要有足够的认识，要双管齐下，并具体体现在各种法律法规、规章制度、规范规则、奖罚任用和社会舆论中。现阶段我国的各项安全方面的规定可以说已非常全面、非常细致，关键是如何落实。而落实的关键就是企业领导和各级管理人员对安全的重视程度，是否摆正了安全和效益、进度的辩证关系。

2. 领导干部要对本单位的安全状况有一个清醒的认识。要有一个安全调研组，负责定期分析研究各项目部的安全情况和安全管理人员的业务情况，并跟踪检查；做好详细的安全台账和分析报告，以备领导决策。企业领导要根据工程的多少、工程的种类和下步工程的开发情况统筹兼顾地安排项目部及其主要管理人员。要有意识地培养专业项目部和专业管理人员，并根据各工程的进展情况适时调剂相关人员，做到资源共享，物尽所用。这样不仅培养了一批业务精湛的专家人才，还确保了工程的安全、质量和效益。

3. 要加强管理人员自身业务水平的不断教育。现阶段基建项目大规模的展开，现场到处可见年轻的项目经理、年轻的总工、年轻的安质部长、年轻的技术部长等，这就是现状！他们缺乏实践经验，但他们大多是学习刻苦、敢拼敢闯、追求上进的优秀青年，他们急需的是老同志的传、帮、带。只有正视这个现实，才能采取有效的方法和策略来弥补这个不足。首先要在认识上有突破。要真正把安全管理和质量管理当做一门学问、一门高级技术来看待，来培养和发展安全管理人员和质量管理人员。其次要在制度上下工夫。包括人才的培养、引进制度和工资待遇的竞争制度。其三是调整管理思路和整合资源，不拘一格地引进专家人才，进行多方面和多层次的传、帮、带活动。其四是根据国家和企业颁布的各种安全规定，将每一个施工程序应遵守的安全事项列出，将安全卡控重点一一注明，按图索骥，并制定严格的学习计划和考核办法，组织现场管理人员边学边干，逐步提高。其五是做好典型引路工作，对安全管理工作做得好的单位和项目部要组织观摩学习，并进行会议交流，讨论心得体会。

4. 要加强对施工人员的培训教育工作。这项工作一定要讲实效，要有严格的制度保证之。对进场人员的培训一定要立足于从最基本的道理讲起，采取多种形式的宣传教育方式。坚持定期培训制度，坚持专项施工方案的培训制度，坚持特殊工种的培训制度，坚持新材料新工艺的培训制度，坚持班前宣讲制度，坚持现场安全技术交底制度，坚持过程检查制度，坚持问题及时整改制度，坚持问题分析和教育制度，坚持赏罚分明的奖罚制度。这些工作不仅仅是项目经理和安质人员、劳资人员的，而应该是全体管理人员的。

5. 要提高各级安全检查人员的工作质量。企业从上到下都配备了一定的安全质量管理人员，这些管理人员每天忙碌于各施工工地，虽然发现了一些问题，但有些项目部还接连出现事故，这固然有项目部管理的直接原因，但就安全质量部门来讲，也有不可推卸的责任。首先是自身的业务素质差，自己没有一定的现场施工经验，没有真正理解各项规范制度的内涵；不明白什么是对、什么是错，不明白应该怎样做；到现场检查内业和外业时发现不了问题，更发现不了深层次的问题。其二是作风浮躁。对待工作不认真，做一天和尚撞一天钟，不学无术，到下面检查是应付差事，只想索取，不讲奉献。其三是好人思想。检查工作，蜻蜓点水，雾里看花，碍于情面，关键问题不讲，鸡毛蒜皮列几条，皆大欢喜。以上所列，实为安全管理大忌，务必下决心解决。各级安全质量管理人员一定要加强自身的业务学习，不耻下问，向大家学习，要向毛主席所说的那样“要当人们的先生，就先当人们的学生”，要利用一切机会来充实自己的知识。要自觉抵制不良思潮的侵蚀，要深知优胜劣汰的道理。到现场检查，时间有限，出发前，要根据现场施工情况，认真准备检查材料，也就是“备课”，有针对性的检查外业和内业，根据检查情况，及时进行业务教育和安全培训；要“多走一步、多看一下、多说一句”；要根据问题苗头，去发现问题隐患，帮助现场制定切实可行的措施，从而杜绝事故的发生。要严格纪律，处罚果断，旗帜鲜明地纠正各种违章违纪行为。

6. 要加强项目部自身管理能力的建设。项目部是最基层的管理机构，“上面千条线，下面一针穿”，项目部的管理水平直接决定着工程的安全、质量和效益。项目经理要静下心来、扑下身去，要明察秋毫、防微杜渐。要适时对项目部的管理现状进行评估分析，要采取有力手段来保证各项目标的实现，如调整不称职人员、外调和外聘急需人员、撤换不合格施工队伍、不定期聘专家来讲课和检查指导、外出观摩学习、拉开工资和奖金档次、重奖重罚等。这里要注意的是这些方法一定要有企业和项目部的文件支持，要符合国家的相关规定，要公平公正，一视同仁。同时，要积极主动地和职工谈心交心，关心职工生活，体会职工疾苦，组织各种喜闻乐见的文化活动，寓教于乐，让全体施工人员体会到家的温暖，这就是企业的家文化。要制定切实可行的措施，利用各种条件和机会，努力培养出一批作风踏实、业务精湛的管理队伍。真正做到“建一座工程，立一座丰碑，交一方朋友，开拓一方市场，培养一批人才”。

7. 要严格按章办事，一切以规定为准。一些管理人员和施工人员，干工作不是以规范规定和技术交底为准则，而是凭经验和想象办事。对现场诸多违章行为熟视无睹，习以为常，“看惯了、干惯了、习惯了”。遇到问题，不是认真学习各项规定，科学地去解决问题，而是以自己的主观想象和想当然的习惯做法去应付问题。对待批评不以为然，不懂科学，不尊重科学，固步自封，自以为是，这种思想贻害无穷，要下大工夫整治，并坚决清除。

8. 勿以恶小而为之，勿以善小而不为。安全工作无小事，安全工作必须从日常的一点一滴抓起，要建立安全工作的长效机制，坚持做到时时抓、处处抓、点点滴滴抓，绝不放过任何违章行为，始终保持“如临深渊、如履薄冰、如坐针毡”的忧患意识。有时候一根防护绳、一片防护网、一块架子板、一对风绳、一声哨子、一顶安全帽、一副安全带、一张标语、一句提醒等，就会保护一个人或更多人的生命。要见微知著，从事故苗头、事故征兆的反映，正确地加以判断和处理，千万不要掉以轻心，更不能视若无睹，得过且过，置之不理，留下隐患。要旗帜鲜明地纠正各种违章行为，要发现一起，立即处理一起，绝不姑息。

9. 鉴以前车，举一反三。企业应组织力量把自己和其他单位以往发生的安全质量大小事故分类，汇编成册，作为必备的培训教育教材，要定期宣讲和考试。进行事故分析时，要把重点放在查找事故苗头、事故征兆及其主观原因上，并且提出切实可行的防范措施。要举一反三，推此及彼，进行深刻分析和生动教育，要深刻吸取教训，以免重蹈覆辙。

10. 超前预想，疑罪从有。各级管理人员要眼观六路、耳听八方，不仅要善于发现问题，还要“怀疑一切”地去想问题、“翻箱倒柜”地去找问题。要静下心去思考以往的经验教训，要结合风险源去设想可能出现的问题，要定期召开安全活动分析会，听取各方意见和建议，及时采取有效的防范措施，防患于未然。预防为主是安全管理工作的出发点和根本点。

第六节　安全管理注意事项

1. 管理体系方面

(1)企业及项目部各部门的职责是否合理，分工是否明晰，责任是否到人，资源是否优化，部门间的协助关系是否有规定的程序和时间要求，管理人员的业务素质是否满足分管工程的要求，是否有合理的激励机制。

(2)企业和项目部各专业间的管理权限是否明确，管理职责、审核制度是否有规定的程序和时间要求。

(3)专项安全技术方案是否经过严格的审核，重大方案是否经过权威专家的评审，是否有最终责任人。

(4)安全技术交底是否是依照图纸、规范、规则、规定、合同、技术参考书、现场情况(地形地貌、交通状况、水文资料、气候状况)和以往的施工经验等编写，草稿是否征求过专家、技术人员、施工员和操作人员的意见；在实际实施过程中是否进行了必要的修改和完善。

(5)各种安全规章制度是否齐全，奖罚制度是否易于操作，防护设施是否到位，各种标识、警示是否覆盖整个工地，管理人员和防护人员是否经过业务培训和安全培训，是否有交接班制度。

(6)施工人员的各类培训教育由哪个部门负责，培训的实际效果由哪个人员负责。

(7)各类技术交底的对象、深度、方式和时间等是否有规定的程序和手续，是否明确了交底的组织者和参与者。

(8)班前宣讲制度是否严格落实，宣讲的内容是否有针对性和实效性，是否有记录。

2. 铁路既有线施工方面

(1)项目部编制的施工防护方案、要点方案和安全技术保证措施是否进行了详细的现场调查和探勘，是否画有平面布置图、断面图、防护图、施工工艺图、预铺道岔和机械行走路线图，其上是否标注了预铺道岔、机械与运营设备之间的距离和高差，是否考虑了施工设备、材料和施工可能对运营设备造成的影响，是否考虑了安全防护措施和应急措施；是否经过施工单位组织的会审和总监组织的会审。

(2)施工防护方案、要点方案和安全技术保证措施等经过铁路局相关机构会审批准后，施工单位、监理单位和项目部是否分别组织召开安全技术交底工作会，是否明确了危险源和监控重点，是否明确了责任人；各类方案是否有详细的作业指导书。

(3)临近既有线施工前，各级管理人员和施工企业主管部门是否提前进驻现场，是否根据铁路局批准的方案和安全保证措施及安全会议要求在现场进行逐项检查落实；施工中，是否进行了跟踪监控；施工后，是否进行了安全检查和工作总结。

(4)跨越既有线施工的防护棚，其设计标准和用途是否明确，是否考虑了坠落物的冲击力，是否考虑了各种不利荷载，是否设计了风绳，其力学计算简图是否符合实际，其搭设施工是否符合设计，其设计审核是否符合程序，其撤除方案是否提前设计，是否规定了起重机械工作臂的负荷处不得在铁路上方通过。

(5)架空顶进施工是否有详细的作业指导书，图纸审查时是否考虑框架涵长度过短造成的安全隐患，顶进前、中、后如何保证线路的稳定，抬梁支撑点的桩基设计是否考虑了最不利状况。

(6)悬灌法现浇连续梁施工，挂篮进场时是否对各个构件进行检查验收，焊缝是否全部进行探伤检查，图纸设计是否经过第三方检算，挂篮下是否设计有防护筐，挂篮上是否设计有上下梯子，预压荷载和方法是否符合规定，是否有详细的作业指导书，挂篮前移时是否有安全员在场监督，已完成的梁体上是否及时安装了防护栏杆。

(7)架桥机跨越铁路架梁，方案评审前及跨越铁路架梁前，施工企业相关部门、总监、管理干部和配合站段是否到现场观看了架梁的全过程，施工单位是否组织相关部门和厂家对设备进行详细的检查(包括变速箱、关键焊缝、销子和液压系统)，是否组织第三方进行了安全评估。

3. 机械设备方面

(1)机械设备进场时是否经过检验合格,手续是否齐全,是否有定期维修维护制度和记录,是否有设备使用、行走和存放等管理制度。

(2)机械设备操作人员是否有有效的操作证,进场时是否进行过铁路知识教育和安全培训,操作人员的身体状况是否良好,是否有交接班制度。

(3)机械设备行走的路线是否安全,是否考虑了突发事件和恶劣气候时的措施,是否考虑了机械设备失灵时的应急预案,是否考虑了机械设备对铁路安全的潜在影响和应急措施。

(4)起重设备运行中是否有培训合格的专人负责指挥,口哨、旗帜和手势是否同设备操作人员约定过,是否符合相关的规定。

4. 支架法施工现浇梁

(1)支架和模板的设计是否分别经过施工单位和总监组织的会审,计算简图与实际受力是否吻合,验算位置是否是最不利状况,挠度和变形计算是否准确。

(2)现场所进材料是否进行了检查验收,是否符合设计要求,现场施工是否符合设计要求,梁体模板拉杆螺帽是否上了双帽。

(3)支架地基处是否有泥浆坑、水塘等不良基础,是否经过换填等处理,承载力的检测数据是否符合设计要求。

(4)支架四周 2 m 外是否有封闭网,临近道路侧是否有防撞设施和反光警示标志,上人梯子的坡度、宽度、步距及防护设施是否符合相关规定。

(5)安全技术交底内容是否有针对性和实效性,项目是否齐全。如高空作业安全技术要求;满堂支架搭设、使用及拆除安全操作要求;模板制作、铺设及拆除安全技术要求;满堂支架预压安全技术要求;钢筋绑扎及焊接安全技术要求;施工用电和防火安全技术要求;混凝土浇筑安全技术要求;预应力张拉及压浆安全技术要求;冬雨季施工安全技术交底等。

第七节 案例分析

一、培训教育、安全交底、施工措施和监督管理方面的问题

1. 郑州某涵洞基坑抽水事故

经过:因水泵不出水,一刚到工地的民工下去提水泵,触电身亡。

原因:培训教育不到位,监督管理不严,设备保养不好。

2. 郑州某线路施工事故

经过:在线路起道时,一刚到工地的民工使用的齿条式起道机齿条滑脱,撬杠反弹打中头部身亡。

原因:设备保养不好,培训教育不到位,监管不力。

3. 商丘某工地卸车事故

经过:运到工地的一车原木,当地村民强卸,一村民卸车时被砸瘫痪。

原因:现场监管不力,安全交底不周全,培训教育不到位。

4. 神延线某大桥拆砖模倾倒事故

经过:工地为了节约成本,在一高墩下部采用 3 m 高的 50 mm 厚砖模,内涂隔离剂;一刚到工地民工在拆除时被倾倒的一片约 3 t 重的砖模压下,经抢救无效身亡。

原因:安全交底不清,培训教育不到位,监管不力。

5. 京广线某站更换提速道岔事件

经过:提速道岔要点已完成,一单位总工在调试接线盒时被机车撞伤,经抢救无效身亡。

原因:防护不到位,监管不力。

6. 某高速公路龙门架拆除事故

经过:工地拆除龙门架,一民工爬到运行小车以上 3 m 时掉下身亡,安全帽开裂。

原因:培训教育不到位,安全设施检查不严,健康检查缺失,监管不到位。

7. 某高速公路预应力梁压浆事故

经过:在梁体预应力孔道压浆时,一民工未戴防护镜,管道接口爆开,浆体迸出损伤一只眼睛。

原因:安全防护不到位,监管不力。

8. 某高速公路桥墩架子管事故

经过:一民工在搭设好的架子上行走,架子管扣断裂滑脱,民工跌落地面,造成三根肋骨断裂。

原因:进料检查不认真,安全防护不到位,监管不力。

9. 焦枝线顶管预制事故

经过：架子工搭好的临时架子已固定好框架涵边墙的钢筋，而木工支模板时觉得架子的扫地杆影响其工作，擅自把扫地杆拆除，架子及钢筋倾倒砸伤木工，造成木工脊椎错位。

原因：培训教育不到位，安全措施不细致，监管不力。

10. 京广线某顶进涵工地事故

经过：临近既有线的吊车大臂在午饭时未收回，遇大风转到既有线上碰坏接触网杆，影响行车。

原因：安全措施不细致，培训教育不到位，监管不力。

11. 某工地现浇梁满堂支架事故

经过：项目部安排中秋节休息，民工队为抢工期进行满堂支架的预压工作，预压沙袋单个重 1.5 t，由于吊车距支架很近，故大臂伸得很高，沙袋吊起距梁底模 3 m 以上时突然自由落下冲击满堂支架，支架部分失稳坍塌，造成多人伤亡。

原因：安全交底不全面，培训教育不到位，安全措施不落实，监管不严。

12. 某工地现浇梁移动模架事故

经过：现浇梁完成后拆除移动模架，在拆除其上悬挂的活动挂篮时，没有施工措施，民工随意操作，造成人员坠落至下面的钢结构模板上，酿成伤亡事故。

原因：培训教育不到位，安全措施不健全，疏于管理，监管不严。

13. 某工地现浇梁模板事故

经过：一民工在大风情况下拆除现浇梁外模板，不慎坠落身亡。

原因：安全防护不到位，疏于管理，监管不严。

14. 某工地吊车安装遮檐板事故

经过：吊车从地面吊起遮檐板至桥面，无人指挥，将两名正在桥上施工的民工撞下身亡。

原因：安全防护不到位，管理松懈，监管不严。

15. 某工地 900 t 运梁车事故

经过：运梁车夜间行走至施工便道与市政道路交叉口时与一汽车相撞，造成多人伤亡。

原因:安全措施不健全,安全防护不到位,管理松懈,监管不力。

16. 某工地墩子钢筋施工事故

经过:一空心墩的钢筋绑扎施工中,钢筋较长,未设风绳及临时加固措施,受风力影响倾倒,造成多人受伤。

原因:技术交底不全面,安全措施不到位,监管不力。

17. 某工地运梁车冬季运梁事故

经过:冬季晚 8 时,运梁车运 900 t 梁体出场,路面横坡超标,四个运梁支点顶部结冰,梁体侧滑坠地破坏。

原因:安全措施不健全,监管不力。

18. 某跨铁路桥梁的防护棚事故

经过:施工单位在防护棚顶设置的密格防火防护网是假冒产品,在其上铺设薄钢板时,电焊火星引起大火,造成列车晚点。

原因:安全交底不健全,进货检验不认真,监管不力。

二、机械设备制造缺陷、检查验收和日常管理等方面造成的问题

1. 某公路 40 m 箱梁吊装事故

经过:一公路箱梁采用高低龙门架吊装,由于卷扬机变速箱齿轮突然破坏造成钢丝绳断裂,已距地面 15 m 高的梁体坠落损坏,无人员伤亡。

原因:生产厂家设备制造存在缺陷,施工单位进场验收不认真,日常检查不到位。

2. 某工程 900 t 运梁车运输事故

经过:冬季寒冷,一运梁车在运梁上坡时,机油管道接头爆裂,机油随即喷向紧靠的发电机,造成火灾。

原因:生产厂家设计缺陷,接头质量不过关,发电机与油管无隔离措施;施工单位验收不认真,无第三方检验。

3. 某工程 180 t 架桥机过孔事故

经过:架桥机过孔后,中支腿失灵,使架桥机倾覆在墩上,造成多人伤亡。

原因:生产厂家设计存在重大缺陷,施工单位未请第三方认真验收,且之前铁道部已通知该生产厂家的这种产品多次发生事故,隐患较多,要求各单位认真排查,但仍未能幸免,说明施工单位管理不到位,监管不力,

日常检查走过场。

三、施工方案设计及计算方面问题

1. 某工程采用高低龙门架吊 40 m 箱梁设计问题

经过：检查施工单位龙门架的设计方案及现场情况，发现龙门架 ϕ1 m 的立柱与地面连接只是铰接，而计算简图上则是固接，明显偏于不安全。

原因：技术人员年轻，设计能力有限，单位管理不到位，缺乏相应的设计指导。

2. 几处工地满堂支架的设计计算问题

经过：检查几家施工单位的满堂支架的承载力和稳定性计算书，发现仅计算支架中间杆件，未对下部及上部的悬臂端进行简图分析和稳定性验算。

原因：技术人员业务不熟练，单位管理不到位，缺乏相应的设计指导。

3. 几处工地的满堂支架材料检算问题

经过：检查几家满堂支架钢管外观尺寸，均不符合国家标准，均比计算说明书里的材料尺寸小，存在安全隐患。

原因：材料进场验收不严；技术人员工作不灵活，没有根据材料实际情况进行认真计算校验；单位管理不到位，监管不力。

4. 某跨铁路防护棚立柱设计问题

经过：检查某处近 20 m 高的防护棚设计计算及现场情况，立柱计算简图中下部是固接，而底部实际是接头在一个平面的铰接，偏于不安全。

原因：技术人员业务不熟练，交底不清，单位管理不到位，监管不力。

5. 某跨墩龙门吊设计问题

经过：某 200 t 大跨度龙门吊起吊 40 m 箱梁，为了节约费用，将梁场设计在施工便道上，造成所有施工单位进出都要经过龙门吊下方，且梁场施工困难，造成上下交叉施工干扰，安全管理困难重重。

原因：施工设计把关不严，论证不充分，管理不到位，监管不力。

四、安全样板工地

某高速铁路满堂支架现浇连续梁工地，安全管理深入、细致，具体细节如下。

1. 现场满堂支架周围距支架 2 m 范围全部设置防护墙。

2. 满堂支架搭设标准，跨公路架空及防护设施完善，方案设计合理。

3. 地面到梁顶的外梯子四面防护。

4. 地面引上桥的电缆及在现场布置的电缆全部用塑料套管防护。

5. 现浇梁端头设置了 10 m×10 m 的操作平台，整治内模、固定锚具、立端模、穿钢绞线、张拉及压浆等均安全可靠；且钢绞线下料设置了防护罩及钢管引出，防止了钢绞线反弹伤人。

6. 消防设施完善，在内外梯子上、满堂支架上及内模腹腔内均有灭火器。

7. 现场材料堆码整齐，标识齐全，梁顶操作有序，无锯末、纸张、塑料袋、烟头等杂物；梁端有一装有水的铁桶用于吸烟。

8. 安全技术交底齐全，各项安全措施健全。

9. 领导重视，管理到位。

第八节 现 场 图 例

1. 易燃易爆危险品安全防护违反规定(如图 2.1 所示)

图 2.1 安全防护不到位

乙炔瓶不应横放，氧气瓶与乙炔瓶距离不满足规定 5 m 以上的要求，无防暴晒设施和防火标识。

2. 桥墩基坑开挖安全防护违反规定（如图 2.2 所示）

图 2.2　安全防护差

临近道路边的一面不应挖成“神仙土”；仅有几根钢管支撑，又无剪刀撑，加固路面作用不大，缺少必要的防护设施；且基坑内一人未戴安全帽，基坑无防水和排水设施。

3. 满堂支架剪刀撑设置不符合规定（如图 2.3 所示）

图 2.3　剪刀撑接头长度应大于 1 m

剪刀撑设置不连续，斜杆单边长度过长，与立杆没有全部用旋扣连接，斜杆的接头不应断开，应搭接 1 m 以上。

4. 跨公路防护支架施工方案缺陷(如图 2.4 所示)

图 2.4 防护台太低不安全

混凝土防护台仅 30 cm 高，且支架紧靠防护台边，无安全距离，一旦重车碰撞则极易变形失稳。

5. 塔吊违章过铁路(如图 2.5 所示)

图 2.5 塔吊违章过铁路

现场无塔吊运行轨迹防护图，无防护设施和驻站联络员，擅自在铁路上方运行。

6. 铁路防护棚立柱钢管接头不符合规定(如图 2.6 所示)

碗扣式脚手架规范规定接头不能在一个平面上,且防护棚立柱设计简图中立柱下部是固接,而现场是铰接。

图 2.6 钢管接头在一个断面

7. 桥墩施工无安全设施(如图 2.7 所示)

图 2.7 无安全设施

施工人员未佩戴安全绳,脚手架无剪刀撑,无操作平台和防护网。

8. 既有线施工防护不到位(如图 2.8 所示)

现场无安全防护措施,无安全防护员,一名施工人员未戴安全帽。

图 2.8　无防护人员

9. 桥墩垫梁石施工无防护(如图 2.9 所示)

图 2.9　无防护设施

现场无安全梯子,墩顶无防护网,施工人员未戴安全帽和安全带。

10. 钢绞线安全防护不到位(如图 2.10 所示)

钢绞线加工没有设置安全套管,防止钢绞线抛甩伤人,且地面未硬化,无防雨设施。

图 2.10　无钢绞线防抛设施

11. 连续梁施工现场操作平台标准(如图 2.11 所示)

图 2.11　操作平台较好

连续梁端头设一 10 m 的方形操作平台,且平台与梁顶用梯子相连,防护到位,操作方便、安全。

12. 连续梁跨公路安全防护标准(如图 2.12 所示)

混凝土防护台、钢管支架、顶棚等防护方案设计合理,美观大方,搭设规范,标识清晰,防护到位。

图 2.12　道路架空防护标准

13. 钢绞线防抛措施到位(如图 2.13 所示)

图 2.13　钢绞线防抛设施好

现场钢绞线防抛措施采用自制钢筋套管,有效地防止了钢绞线抛甩伤人。

14. 连续梁外梯子防护到位(如图 2.14 所示)

图 2.14　外梯子防护到位

采用三面围护,并在下面设置草苫防滑,转角处设有消防设施。

15. 某公路铁路两用桥主桥钢梁施工现场防护到位(如图 2.15 所示)

(a)现场防护到位

图 2.15

(b)现场整洁

图 2.15　公路铁路两用桥施工现场规范

现场整洁有序,安全防护到位。

16. 某工程 40 m 现浇简支梁混凝土浇筑过程控制到位(如图 2.16 所示)

图 2.16　简支梁浇筑过程控制到位

采用预埋薄钢管作溜槽,并用土工布防护钢筋,保证了混凝土的浇筑质量和环境卫生。

第九节　安全管理总结

安全是人类永恒的主题，是生命之本、幸福之源，是一切工作的基础。我们工作和生活的每一天、每一步无不体现着安全的重要性，“注意安全”成了对出门在外的亲人叮咛，成了师傅对徒弟的谆谆教诲，成了延长生命历程的良言。安全靠什么？安全靠责任心，靠素质，靠领导，靠制度，靠管理。安全是什么？安全是仁爱之心，是尊严，是文明，是文化，是幸福，是挑战，是财富，是权利也是义务。

安全是最大的福！安全是最大的孝！安全是每个人的一切！

安全是一个系统工程，必须常抓不懈，警钟长鸣！

第三章 质量管理

第一节 概 述

质量是日常生活和工作中常常提到的话题，评价某个产品好，就是说这个产品质量好。什么是质量？按照 ISO 9000 的定义，质量是一组固有特性满足要求的程度，质量不仅是指产品质量，也可以是某项活动或过程的工作质量，还可以是质量管理体系运行的质量。本文所探讨的质量主要是建设工程质量。所谓工程质量，是指工程满足业主需要的、符合国家法律、法规、技术规范标准、设计文件及合同规定的综合特性。

质量管理是指在质量方面指挥和控制组织协调的活动，包括质量目标和质量方针的建立，质量计划（含质量控制、质量保证、质量改进）的编制与执行；其中质量控制是核心。

1. 工程质量的主要特性

（1）适用性，就是功能性、耐久性和安全性符合相关规定。

（2）经济性，就是勘察设计成本、施工成本和使用维护成本三者之和费用最少。

（3）美观性，就是工程自身的形象美观及与周围环境协调一致、自然和谐。

2. 工程质量的主要特点

（1）影响因素多、波动大

建筑工程质量受到多种因素的影响，如设计、材料、机具设备、施工方法、施工工艺、技术措施、人员素质、工期、造价、天气气候和环境等因素直接或间接地影响工程质量。由于建筑产品的单件性和流动性，不像一般的工业产品那样，有固定的生产流水线、有规范化的生产工艺和完善的检测技术、有成套的生产设备和稳定的生产环境，所以建筑产品的质量容易产生波动而且波动较大。同时，由于影响工程质量的偶然性因素和系统性因素比较多，其中任何一个因素发生变动，都会使工程质量产生波动。

如材料规格品种使用错误、施工方法不当、操作未按规程进行、机械设备过度磨损、设计计算错误等，都会产生系统因素的质量变异，造成工程质量事故。为此，要严防出现系统性因素的质量变异，要把质量波动控制在偶然性因素范围内。

(2)质量的隐蔽性、终检的局限性

建筑工程在施工过程中，分项工程多、中间产品多、隐蔽工程多，因此质量存在隐蔽性。若在施工中不及时进行质量检查和处理，事后很难像一般的工业产品那样将产品拆卸、解体来检查其内在的质量或对不合格部件进行更换。工程项目的终检难以有效地发现隐蔽的质量缺陷。

(3)评价方法的特殊性

工程质量的检查验收及评定是按检验批、分项工程、分部工程和单位工程进行的。隐蔽工程在隐蔽前要检查验收，试件、试块以及有关材料，应按规定进行见证取样检测，工程质量是在施工单位按质量标准自行检查评定的基础上，由监理工程师进行检验验收的。体现了“验评分离、强化验收、完善手段、过程控制”的指导思想。

3. 影响工程质量的因素

(1)人员素质

人是生产经营活动的主体，也是工程建设的决策者、管理者和操作者，工程建设的全过程，如项目规划、决策、勘察、设计和施工，都是通过人来完成的。人员的素质，即人的文化水平、技术水平、决策能力、管理能力、作业能力、控制能力、身体素质及职业道德等，都将直接或间接地对规划、决策、勘察、设计和施工的质量产生影响，而规划是否合理，决策是否正确，设计是否符合所需的功能，施工能否满足合同、规范和技术标准的需要等，都将对工程质量产生不同程度的影响，所以人员的素质是影响工程质量的一个重要因素，而且是决定因素。因此，建筑行业实行经营资质管理和各类专业人员持证上岗制度是保证人员素质的重要管理措施。

(2)工程材料

工程材料的选用是否合理、产品是否合格、材料是否经过检验、材料保管和使用是否正确等，都将直接影响工程的内在质量和外观质量。

(3)机械设备

施工机具设备质量是否稳定，计量是否准确，类型是否符合现场施工特点，操作方法是否方便安全，都直接影响到工程的质量。

(4)施工方案

施工方案是指施工方法、工艺方法、操作方法。施工方法是否合理，施工工艺是否先进，操作方法是否正确，都将对工程质量产生重大影响，大力推进并采用新技术、新工艺、新方法，不断提高技术水平，是保证工程质量稳定提高的重要基础。

(5)环境条件

①工程自然环境，如工程地质、水文、气象等。

②工程作业环境，如施工作业面的大小、防护设施、通风照明和通信条件。

③工程管理环境，主要指工程实施的合同结构与管理关系的确定，包括组织体制及管理制度等。

④加强环境管理，改进作业条件，采取必要措施，处理好自然环境，是控制环境对质量影响的重要保证。

4. 工程质量的控制原则

工程质量控制是工程质量管理的重要组成部分，包括管理技术控制和专业技术控制，其目的就是为了使质量管理体系运行正常，工程产品形成过程符合规定要求，最终保证工程质量满足顾客的要求。工程质量控制应贯穿于工程产品形成和体系运行的全过程，每一过程都有输入、转换和输出等三个环节，通过对每一过程的三个环节实施有效控制，使对工程质量有影响的各个过程处于受控状态，才能为下步过程持续地提供符合要求的产品。为了保证工程产品形成全过程的每一阶段都符合要求，应对影响工程质量的人、料、机、法、环等因素进行控制，并对质量活动的成果进行分阶段验证，以便及时发现问题，查明原因，采取相应改正措施，防止质量不合格事件的发生。质量控制应贯彻预防为主与检验把关相结合的原则。

工程质量控制是指致力于满足工程质量要求，也就是为了保证工程质量满足工程合同、规范标准所采取的一系列措施、方法和手段。按其实施的主体不同，分为自控主体和监控主体，自控主体是指直接从事质量职能的活动者，监控主体是指对他人质量能力和效果的监控者。勘察设计单位和施工单位属于自控主体，监理单位和政府属于监控主体。

工程质量控制原则包括质量第一的原则，以人为核心的原则，以预防为主的原则，质量标准的原则。

工程质量控制可以参照图3.1质量管理体系框图实施。

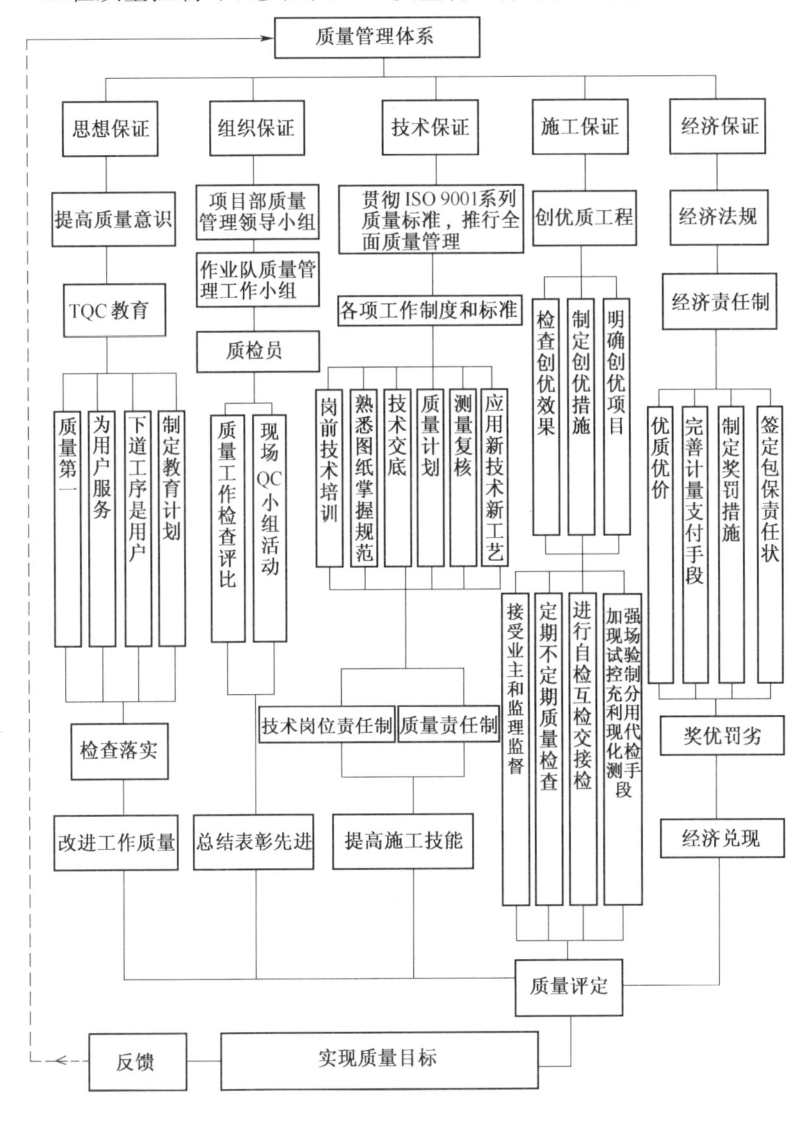

图3.1　质量管理体系框图

第二节　工程质量的责任体系

1. 建设单位的质量责任

(1)建设单位要根据工程特点和技术要求,按有关规定招标并择优选择相应资质等级的勘察单位、设计单位、监理单位、施工单位和重要设备材料的供应商,在合同中必须有质量条款,明确质量责任,并真实、准确、齐全地提供与建设工程有关的原始资料。

(2)建设工程所涉及的新技术、新工艺、新材料、新设备,应按规定通过技术鉴定或审批,并制定相应质量验收标准。没有经过鉴定、批准或没有质量验收标准的,不得采用。

(3)建设单位不得将应由一个承包单位完成的建设工程项目肢解成若干部分发包给几个承包单位;不得迫使承包方以低于成本的价格竞标;不得任意压缩合理工期,不得明示或暗示设计单位、监理单位和施工单位违反建设强制性标准,降低建设工程质量。

(4)建设单位在工程开工前,负责办理有关施工图设计文件审查、工程施工许可证和工程质量监督手续,组织设计、监理和施工单位认真进行设计交底;工程竣工后,应及时组织设计、监理、施工、使用等有关单位进行验收,未经验收备案或验收备案不合格的工程,不得交付使用。

(5)建设单位应根据工程特点,建立现场质量管理机构,配备相应的质量管理人员,制定建设项目质量管理制度,建立健全质量保证体系,落实质量责任。在工程施工中,应按国家现行的工程建设法规、技术标准及合同规定,对工程质量进行检查。

(6)建设单位应根据工程进展情况,对施工单位及监理单位的工作进行检查,并定期考核。

(7)建设单位对其自行选择的设计、施工和供货单位发生的质量问题承担相应的责任。

2. 监理单位的质量责任

(1)工程监理单位应按其资质等级许可的范围承担工程监理业务。

(2)工程监理单位应依照法律、法规以及有关技术标准、设计文件和建设工程承包合同,与建设单位签订监理合同,代表建设单位对工程质量实施监理，并对工程质量承担监理责任。

(3)监理责任主要有违法和违约两个方面。

①如果工程监理单位故意弄虚作假，降低工程质量标准，造成质量事故，要承担法律责任。

②如果工程监理单位与承包单位串通，谋取非法利益，给建设单位造成损失的，应当与承包单位承担连带赔偿责任。

③如果工程监理单位在责任期内，不按照监理合同的约定履行监理职责，给建设单位造成损失的，属违约责任，应当向建设单位赔偿。

3. 施工单位的质量责任

(1)施工单位必须在其资质等级许可的范围内承揽相应的施工任务，不许承揽超越其资质等级范围以外的任务，不得将承接的工程转包或违法分包。

(2)施工单位对所承包的工程项目的施工质量负责。应当建立健全质量管理体系，落实质量责任制，严格工序管理，加强对施工人员的安全质量培训和专业技术培训。实行总承包的工程，总承包单位对全部工程质量负责，分包单位按照分包合同的约定对其分包的工程质量负责。

(3)施工单位必须按照工程设计图纸和施工技术规范标准组织施工。在施工中，必须按照工程设计要求、施工技术规范标准和合同约定，对建筑材料、构配件、设备和半成品进行检验，不得偷工减料，不得使用不符合设计和强制性技术标准要求的产品。

4. 供货单位的质量责任

建筑材料、构配件及设备生产或供应单位对其生产或供应的产品质量负责。生产厂必须具备相应的生产条件、技术装备和质量管理体系，有国家相关部门认证的许可证。所生产或供应的产品质量应符合国家和行业现行的技术规定的合格标准，并符合设计要求，要与说明书和包装上的质量标准相符，且应有相应的产品检验合格证，设备应有详细的使用说明书。

第三节　质量管理基础工作

一、强化项目基础管理理念

1. 规范质量教育

项目部要坚持“大工程创优质，小项目出精品”的理念，对员工、劳务人员进行国家及上级有关法律、法规和制度的教育，增强全员的质量责任意识；通过深入开展“一学、五严、一追查”（学法规；严守设计标准，严守操作规程，严用合格产品，严格程序办事，严格履行合同；追查责任者）和“质量月”等活动，加大宣传力度，使员工树立高度的质量责任感和使命感，切实履行法定的质量义务，做到依法施工生产。

2. 强化技术培训

每项工程开工前，项目部必须针对工程特点，按照相关制度要求，做好各类施工人员的技术培训，组织员工学习规范、规程、验收和操作技术，特种工必须持证上岗。

施工前，必须向员工进行技术交底（交任务、交施工方法、交质量标准）。施工中，进行“四新”（新技术、新材料、新工艺、新设备）成果的技术培训和推广，提高工程质量的科技含量。

3. 做好计量、试验工作

项目部必须注重计量、试验管理部门和现场试验室的建设，按有关规定做好计量、试验工作，各施工现场必须按要求配备合格的计量器具，配齐计量和测试人员。

4. 坚持标准化管理

根据各自特点，建立内控标准，制定管理和施工工艺的标准。各级人员都要认真学习标准，掌握标准，运用标准，达到标准，克服随意性。

5. 内业资料管理

重视各项原始记录的及时收集、汇总、整理、分类、存档工作。原始记录包括有关的法律、法规、文件，施工组织设计、开竣工报告、工程日志、技术交底记录，设计文件审查记录，设计变更签证记录，定位复测及各项工程观测记录，隐蔽工程检查签证记录，质量评定记录，各种原材料、成品、半成品及设备合格证，原材料检验单、试验报告单、混凝土施工日志、历次质量检查及讲评记录，质量事故报告处理记录及与工程有关的声像资料等。

二、强化现场质量检查

项目部应明确质量检查评分标准，每月定期不定期组织对施工现场工程质量、质量管理内业资料进行全面检查。另外，项目部主要是要发挥各作业队在质量管理上的优势和职能，通过重点督促作业队履行质量管理职责，并对作业队的管理进行有效的约束考核，确保现场质量受控。

1. 检查的重点

①新开工的作业点，项目部必须在一周内组织进行检查，并对关键工程进行重点的抽查。重点对照施工组织设计，核查相关施工要素的配备情况，施工质量控制情况，方可进入下一步的全面施工。

②每个单位工程里第一次组织实施的施工工艺、施工工法，每一个新队伍进场后施工的第一个作业点，项目部必须重点进行把关检查及督促作业队对其施工能力进行全面评价检查。

③每一次检查，都要重点抽查该作业点的技术负责人对质量的控制要点、控制措施的理解与执行情况，询问具体作业人员具体作业标准要求，切实了解作业层的能力是否能够满足现场要求，并及时采取相应的调整与强化措施。

④检查现场施工项目、施工组织是否符合设计和审批的要求。

⑤原材料及半成品质量控制，施工过程质量控制，结构实体施工质量情况。

⑥基础施工中地质情况是否与设计相符，施工方案、方法是否与设计要求的方案、方法相符。

2. 检查频率

项目经理对本单位全部施工项目巡视检查每周不少于 1 次；副经理和项目总工程师对本单位全部施工项目巡视检查每周不少于 2 次，对本单位重点工程和控制工程巡视检查每天不少于 1 次；工程部长或安质部长对本单位全部施工项目巡视检查每周不少于 3 次。作业队的巡查频次，由项目部根据作业队的配置情况进行具体明确。

3. 检查记录

各级检查人员针对施工现场检查填写《工程检查记录》。施工单位工程部长和安质部长每月对分管范围内至少一个单位工程进行全面检查，填写《工程专业检查记录表》。

4. 检查结果处理

各级检查人员对现场检查中发现的问题，应现场提出，并提出整改要求和整改时限，要求被检查作业点限期整改。对被检查作业点整改情况，要及时进行复查，并做好记录。

各级检查人员在检查中发现情节严重的质量、安全隐患，要立即通报被检查工点的负责人，召开专题分析会议，对存在的问题认真查找原因，进行彻底整改，严肃处理相关责任人员，同时，在本单位进行全面排查，完善相关的质量管理工作。

三、及时实施质量评价

质量评价主要指按照各项施工质量验收标准，对已完工程组织开展质量验收。质量评价过程是对工程质量控制成果的阶段检验，通过质量评价，既是对以往工程实施过程的确认，也是对质量管理的检验，更是后续持续提高质量控制的依据。所以，及时开展工程实体质量的评价，对工程质量目标的全面实现具有重要意义。

检验批应由施工单位自检合格后报监理单位，由监理工程师组织施工单位专职质量检查员等进行验收。

分项工程由监理工程师组织施工单位分项工程技术负责人等进行验收。

分部工程由监理工程师组织施工单位项目负责人和技术、质量负责人等进行验收。地基处理、沉降观测、路堑开挖、支挡结构基坑开挖等重要分部工程验收时，勘察设计单位项目负责人必须参加。

单位工程完工后，施工单位自行组织有关人员进行检查评定，并向建设指挥部提交工程验收报告。

建设指挥部收到验收报告后，由指挥长组织施工、设计、监理单位进行单位工程验收。

四、严格工程质量考核

工程质量考核奖惩制度是促进工程质量管理、确保工程质量的重要手段之一。施工单位项目部应根据实际情况，通过建立内部激励约束机制，提高施工现场落实各项质量管理制度的积极性和主动性。

1. 停工及清除制度。工程开工后，对施工质量差、管理水平低，不能确保工程质量的施工队伍，项目经理要立即对施工队伍实行停工整顿或撤换。

2. 奖罚制度。项目部根据自身管理实际情况，制定奖罚制度或劳动竞赛制度，通过设立综合奖励基金等办法，每月根据检查评比情况对优胜的单位与部门给予一定的奖励，对落后单位进行处罚。

第四节　工程质量控制

一、控制依据

1. 工程合同文件。

2. 设计文件。

3. 国家及政府有关部门颁布的有关质量管理方面的法律、法规性文件。

4. 有关质量检验与控制的专业技术法规性文件。

这类文件一般是针对不同行业、不同质量的控制对象而制定的技术法规性文件，包括各种相关的标准、规范、规程或规定。技术标准有国际标准、国家标准、行业标准、地方标准和企业标准之分，它们是建立和维护正常的生产和工作秩序应遵守的准则，也是衡量工程、设备和材料质量的尺度。技术规程或规范，一般是执行技术标准，保证施工有序进行，而为有关人员制定的行动准则，与质量的形成有密切关系。

属于专业技术法规性的文件主要有以下几类。

(1)工程项目的施工质量验收标准。

(2)相关工程材料、半成品和构配件质量控制方面的技术法规。

①材料及其制品质量的技术标准。

②材料或半成品的取样、试验等方面的技术标准或规程。

③材料验收、包装、标识方面技术标准和规定。

(3)控制施工作业活动的技术规程。

(4)采用新工艺、新技术、新材料的工程，事先应进行试验，并应有权威性技术部门的技术鉴定书及有关的质量数据、指标，在此基础上制定有关的质量标准和施工工艺规程，以此作为判断与控制质量的依据。

二、监理单位的质量控制

1. 监理单位必须按照投标承诺和委托监理合同约定，设置现场监理机构，配置必需的试验、检测、办公设备及交通、通信工具。总监理工程师及监理工程师变动必须经建设单位同意。

2. 监理单位必须加强现场管理，制定监理工作管理制度，建立健全质量保证体系，明确和落实质量责任制，并分阶段采取有效的质量控制措施，保证监理工作质量。

3. 现场监理机构的总监理工程师、专业监理工程师和监理员的业务素质应符合监理规范的要求，数量应满足现场监管的需要，并严格按监理规划和监理实施细则进行施工监控。

4. 监理单位在开工前和施工中，必须按规定对施工单位的施工组织设计、开工报告、分包单位资质、进场机械设备数量及性能、投标承诺的主要管理人员及资质、质量保证体系、主要技术措施进行审查，提出意见和要求，并检查整改落实情况。

5. 监理单位应按规定组织和参加对检验批、分项、分部、单位工程的验收。

6. 监理人员发现施工过程中存在质量缺陷时，监理工程师应及时下达通知，责令施工单位进行整改，并对整改过程和结果进行检查验收。

7. 监理单位应参与工程质量事故调查处理，对因监理原因造成的工程质量事故承担相应的责任。

三、施工单位的质量控制

1. 施工企业应建立并实施施工质量检查制度，规定各管理层次对施工质量检查与验收活动进行监督管理的职责和权限。检查和验收活动应由具备相应资格的人员实施。

2. 施工企业应对项目经理部的施工质量管理进行监督、指导、检查和考核。

3. 项目经理部要认真编写质量计划。质量计划主要是针对特定的工程项目为完成预定的质量控制目标，编制专门规定的质量措施、资源和活动顺序的文件，是质量管理的依据，包含计划、实施、检查和处理四个环节的内容，即 PDCA 循环。具体而言，质量计划应包括下列内容。

(1)编制依据。

(2)项目概况。

(3)质量目标。

(4)组织机构。

(5)质量控制及管理机构。

(6)质量控制手段,检验和试验程序。

(7)关键过程和特殊过程及作业指导书。

(8)与施工过程相适应的检验、试验、测量和验证要求。

(9)更改和完善质量计划的程序。

4. 依照有关规范、标准,结合现场实际,对施工图和施工资料进行详细的审查,落实图纸会审纪要和设计交底纪要。

5. 严格按监理批准的施工组织设计施工,认真落实质量计划中的各项要求。正确使用施工图纸、设计文件、验收标准及适用的施工工艺标准、作业指导书。

6. 调配符合规定的管理人员和操作人员。根据工程特点,对全体施工人员分类进行安全质量培训和专业技术培训。各类人员的岗位职责要详细具体。技术人员、质检人员、测量人员、材料人员、试验人员等管理人员的资格要符合国家和业主的相关规定。特殊作业人员要持证上岗,如电焊工、电工、起重工、爆破工等。

7. 工程测量。

(1)项目部要根据工程特点确定测量仪器的型号、技术指标、精度等级,应定期检校,并做好经常的保养和维护工作。

(2)项目部要根据设计单位提交的平面控制网和高程控制网进行复测,复测报告需经设计认可和监理批准。根据批准后的复测报告进行控制网的加密和现场测设。

(3)现场测量要坚持点、线、面通盘控制的原则,严格执行复测制。在施工过程中,应对控制网进行定期或不定期的检测,当发现控制点的稳定性有问题时,应立即进行局部或全面复测。

(4)测量记录、计算结果和图表,应记录准确,签署完善,并应复核和验算,未经复核和验算的资料严禁使用。

8. 试验检验。

(1)项目部要根据工程特点和业主要求,配备试验和检测仪器,各种仪器的型号、技术指标、精度等级要满足工程需要,应定期检校,并做好经常的保养和维护工作。

(2)试验室的资质、试验检验人员的资质要符合规定。

(3)实验室的各项管理制定和各项操作规程要健全。

9. 配备、使用合格的建筑材料、构配件和设备、施工机具、检测设备。并按规定进行试验、检验和校核。

10. 根据现场管理的有关规定对施工环境进行控制。

(1)施工作业环境的控制。如水电供应、施工照明、安全防护设施、施工场地空间条件和通道以及交通运输和道路条件等。

(2)质量控制自检系统是否健全。系统的组织机构、管理制度、检测制度、检测标准和人员配备是否完善和明确;质量责任制是否落实等。

(3)现场自然环境的控制。如冬季雨季的施工措施、夏季的施工措施、防洪与排水措施及地质处理措施。

11. 三检制与专检工作。自检、互检、交接检和项目部的专职质检员的专检。

12. 检验批、分项、分部工程。项目部要按合同文件的要求,根据图纸及有关文件、规范、标准等,从几何尺寸、质量控制资料以及内在质量等方面进行检查,合格后报监理审核。

13. 关键过程和特殊过程的控制。主要是质量控制点的设置和控制。质量控制点是指为了保证作业过程而确定的重点控制对象、关键部位或薄弱环节。对于质量控制点,要事先分析可能造成质量问题的原因,再针对原因制定对策和措施进行预控。质量控制点的选择要准确、有效;表达形式有文字、表格和解析图三种方法。

14. 技术交底的控制。技术交底是对施工组织设计或施工方案的具体化,是更细致、明确、更加具体的技术实施方案,是工序施工或分项工程施工的具体指导文件。技术交底的内容包括施工方法、质量要求和验收标准,施工过程中需注意的问题,可能出现意外的措施及应急方案。技术交底要紧紧围绕和具体施工有关的操作者、机械设备、使用材料、构配件、工艺、工法、施工环境、具体管理措施等方面进行。交底中要明确做什么、谁来做、如何做、作业标准和要求、什么时间完成等。

15. 制定执行对半成品、成品的保护措施。

16. 对工程质量问题按照相关程序进行报告,按规定进行处理。

17. 制定质量管理记录制度,按规定做好各种记录。

(1)现场质量管理记录。如各种管理制度,主要专业工种的操作上岗证,施工图审核资料,地质勘察资料,施工组织设计、方案及审批记录等。

(2)工程材料质量记录。如材料、半成品、构配件、设备的质量证明文件,各种试验检验报告,各种合格证,设备进场维修记录和运行记录等。

(3)施工过程作业活动的记录。如施工日志、测量记录、自检资料、监理验收资料、检测和试验报告、不合格项的报告和检查验收资料等。

18. 质量的检查验收程序。

工程质量检查验收可以参照图 3.2 组织检查验收。

检验批应由施工单位自检合格后报监理单位,由监理工程师组织施工单位专职质量检查员等进行验收。监理单位应对全部主控项目进行检查,对一般项目的检查内容和数量可根据具体情况确定。检验批质量验收记录应按表 3.1 填写。检验批质量验收记录表可以作为该检验批记录表的封面,后附相关的质量证明文件、检查记录等。"施工单位检查评定记录"列中填写"符合标准规定,详见附件";"监理单位验收记录"列中填写"合格"。

分项工程应由监理工程师组织施工单位分项工程技术负责人等进行验收。分项工程质量验收记录应按表 3.2 填写记录。

分部工程应由监理工程师组织施工单位项目负责人和技术、质量负责人等进行验收。综合自动化系统调试、牵引供电调度系统调试等分部工程进行验收时,勘察设计单位项目负责人应参加,分部工程质量验收记录应按表 3.3 填写记录。

单位工程完工后,施工单位应自行组织有关人员进行检查评定,并向建设单位提交单位工程验收申请报告。单位工程质量验收记录应按表 3.4 填写记录。

建设单位收到工程验收报告后,应由建设单位项目负责人组织施工、设计、监理单位负责人进行单位工程验收,并按表 3.5～表 3.7 填写记录。

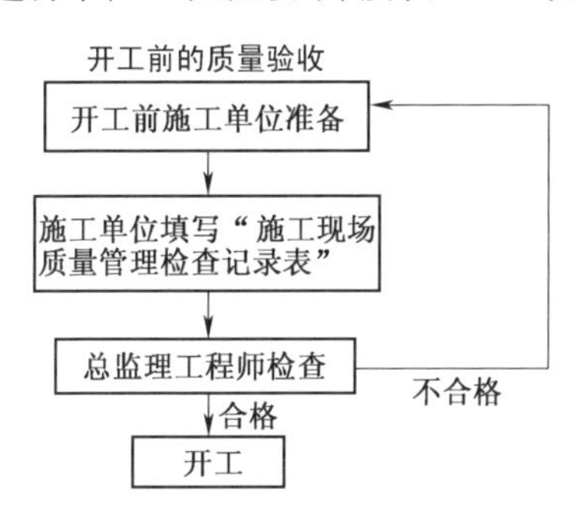

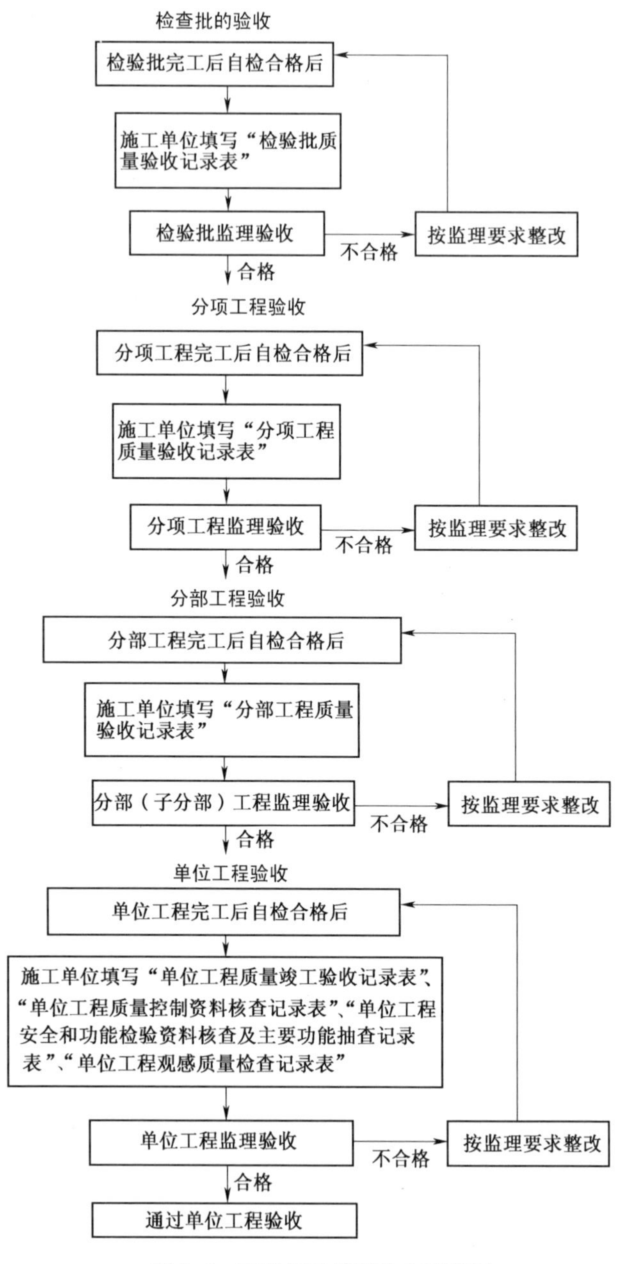

图 3.2　工程施工质量验收流程图

表 3.1 ________检验批质量验收记录

<table>
<tr><td colspan="3">单位工程名称</td><td colspan="3"></td></tr>
<tr><td colspan="3">分部工程名称</td><td colspan="3"></td></tr>
<tr><td colspan="3">分项工程名称</td><td colspan="2"></td><td>验 收 部 位</td></tr>
<tr><td colspan="3">施 工 单 位</td><td colspan="2"></td><td>项目负责人</td></tr>
<tr><td colspan="3">施工质量验收标准名称及编号</td><td colspan="3"></td></tr>
<tr><td colspan="3">施工质量验收标准的规定</td><td>施工单位检查评定记录</td><td colspan="2">监理单位验收记录</td></tr>
<tr><td rowspan="6">主控项目</td><td>1</td><td></td><td></td><td colspan="2"></td></tr>
<tr><td>2</td><td></td><td></td><td colspan="2"></td></tr>
<tr><td>3</td><td></td><td></td><td colspan="2"></td></tr>
<tr><td>4</td><td></td><td></td><td colspan="2"></td></tr>
<tr><td>5</td><td></td><td></td><td colspan="2"></td></tr>
<tr><td>6</td><td></td><td></td><td colspan="2"></td></tr>
<tr><td rowspan="3">一般项目</td><td>1</td><td></td><td></td><td colspan="2"></td></tr>
<tr><td>2</td><td></td><td></td><td colspan="2"></td></tr>
<tr><td>3</td><td></td><td></td><td colspan="2"></td></tr>
<tr><td colspan="2">施工单位检查评定结果</td><td colspan="4">专职质量检查员　　年　月　日
分项工程技术负责人　　年　月　日
分项工程负责人　　年　月　日</td></tr>
<tr><td colspan="2">监理单位验收结论</td><td colspan="4">监理工程师　　年　月　日</td></tr>
</table>

表 3.2 ________分项工程质量验收记录

<table>
<tr><td colspan="2">单位工程名称</td><td colspan="4"></td></tr>
<tr><td colspan="2">分部工程名称</td><td colspan="2"></td><td>检 验 批 数</td><td></td></tr>
<tr><td colspan="2">施 工 单 位</td><td colspan="2"></td><td>项目负责人</td><td></td></tr>
<tr><td>序号</td><td colspan="2">检验批部位</td><td>施工单位检查评定结果</td><td colspan="2">监理单位验收结论</td></tr>
<tr><td>1</td><td colspan="2"></td><td></td><td colspan="2"></td></tr>
<tr><td>2</td><td colspan="2"></td><td></td><td colspan="2"></td></tr>
<tr><td>3</td><td colspan="2"></td><td></td><td colspan="2"></td></tr>
<tr><td>4</td><td colspan="2"></td><td></td><td colspan="2"></td></tr>
<tr><td>5</td><td colspan="2"></td><td></td><td colspan="2"></td></tr>
<tr><td>6</td><td colspan="2"></td><td></td><td colspan="2"></td></tr>
<tr><td>7</td><td colspan="2"></td><td></td><td colspan="2"></td></tr>
<tr><td>8</td><td colspan="2"></td><td></td><td colspan="2"></td></tr>
<tr><td>9</td><td colspan="2"></td><td></td><td colspan="2"></td></tr>
<tr><td>10</td><td colspan="2"></td><td></td><td colspan="2"></td></tr>
<tr><td>11</td><td colspan="2"></td><td></td><td colspan="2"></td></tr>
<tr><td>12</td><td colspan="2"></td><td></td><td colspan="2"></td></tr>
<tr><td colspan="6">说 明：</td></tr>
<tr><td colspan="2">施工单位检查
评定结果</td><td colspan="4">分项工程技术负责人　　　年　月　日</td></tr>
<tr><td colspan="2">监理单位
验收结论</td><td colspan="4">监理工程师　　　年　月　日</td></tr>
</table>

表 3.3 ________分部工程质量验收记录

<table>
<tr><td colspan="2">单位工程名称</td><td colspan="4"></td></tr>
<tr><td colspan="2">施 工 单 位</td><td colspan="4"></td></tr>
<tr><td colspan="2">项目负责人</td><td></td><td>项目技术负责人</td><td></td><td>项目质量负责人</td></tr>
<tr><td>序号</td><td>分项工程名称</td><td>检验批数</td><td>施工单位检查评定结果</td><td colspan="2">监理单位
验收结论</td></tr>
<tr><td>1</td><td></td><td></td><td></td><td colspan="2"></td></tr>
<tr><td>2</td><td></td><td></td><td></td><td colspan="2"></td></tr>
<tr><td>3</td><td></td><td></td><td></td><td colspan="2"></td></tr>
<tr><td>4</td><td></td><td></td><td></td><td colspan="2"></td></tr>
<tr><td>5</td><td></td><td></td><td></td><td colspan="2"></td></tr>
<tr><td>6</td><td></td><td></td><td></td><td colspan="2"></td></tr>
<tr><td>7</td><td></td><td></td><td></td><td colspan="2"></td></tr>
<tr><td>8</td><td></td><td></td><td></td><td colspan="2"></td></tr>
<tr><td>9</td><td></td><td></td><td></td><td colspan="2"></td></tr>
<tr><td>10</td><td></td><td></td><td></td><td colspan="2"></td></tr>
<tr><td colspan="3">质量控制资料</td><td></td><td colspan="2"></td></tr>
<tr><td colspan="3">实体质量和主要功能检验(检测)报告</td><td></td><td colspan="2"></td></tr>
<tr><td rowspan="3">验
收
单
位</td><td>施工单位</td><td colspan="4">项目负责人　　　　年　月　日</td></tr>
<tr><td>勘察设计单位</td><td colspan="4">项目负责人　　　　年　月　日</td></tr>
<tr><td>监理单位</td><td colspan="4">监理工程师　　　　年　月　日</td></tr>
</table>

表 3.4 ________单位工程质量验收记录

<table>
<tr><td colspan="3">单位工程名称</td><td colspan="3"></td></tr>
<tr><td colspan="3">开 工 日 期</td><td></td><td>竣 工 日 期</td><td></td></tr>
<tr><td colspan="3">施 工 单 位</td><td colspan="3"></td></tr>
<tr><td>项目负责人</td><td></td><td>项目技术负责人</td><td></td><td>项目质量负责人</td><td></td></tr>
<tr><td>序号</td><td colspan="2">项　目</td><td colspan="2">验收记录</td><td>验收结论</td></tr>
<tr><td rowspan="2">1</td><td colspan="2" rowspan="2">分部工程</td><td colspan="2">共　　　　分部</td><td rowspan="2"></td></tr>
<tr><td colspan="2">经查,符合标准规定及设计要求　　分部</td></tr>
<tr><td rowspan="3">2</td><td rowspan="9">综合质量评定</td><td rowspan="3">质量控制资料核查</td><td colspan="2">共　　　　项</td><td rowspan="3"></td></tr>
<tr><td colspan="2">经查,符合要求　　项</td></tr>
<tr><td colspan="2">不符合要求　　项</td></tr>
<tr><td rowspan="3">3</td><td rowspan="3">实体质量和主要功能核查</td><td colspan="2">共核查　　项</td><td rowspan="3"></td></tr>
<tr><td colspan="2">符合要求　　项</td></tr>
<tr><td colspan="2">不符合要求　　项</td></tr>
<tr><td rowspan="3">4</td><td rowspan="3">观感质量验收</td><td colspan="2">共检查　　项</td><td rowspan="3"></td></tr>
<tr><td colspan="2">评定为合格的　　项</td></tr>
<tr><td colspan="2">评定为差的　　项</td></tr>
<tr><td>5</td><td colspan="2">综合验收结论</td><td colspan="3"></td></tr>
<tr><td rowspan="2">验收单位</td><td colspan="2">施工单位</td><td>监理单位</td><td>勘察设计单位</td><td>建设单位</td></tr>
<tr><td colspan="2">(公章)
单位负责人
年　月　日</td><td>(公章)
总监理工程师
年　月　日</td><td>(公章)
项目负责人
年　月　日</td><td>(公章)
项目负责人
年　月　日</td></tr>
</table>

表 3.5 ________单位工程质量控制资料核查记录

<table>
<tr><td>单位工程名称</td><td colspan="5"></td></tr>
<tr><td>施 工 单 位</td><td colspan="5"></td></tr>
<tr><td>序号</td><td colspan="2">资料名称</td><td>份数</td><td>核查意见</td><td>核查人</td></tr>
<tr><td>1</td><td colspan="2">图纸会审、设计变更、洽商记录</td><td></td><td></td><td></td></tr>
<tr><td>2</td><td colspan="2">工程定位测量、放线记录</td><td></td><td></td><td></td></tr>
<tr><td>3</td><td colspan="2">原材料出厂合格证及进场检(试)验报告</td><td></td><td></td><td></td></tr>
<tr><td>4</td><td colspan="2">设备出厂合格证或检(试)验报告</td><td></td><td></td><td></td></tr>
<tr><td>5</td><td colspan="2">施工试验报告及见证检验报告</td><td></td><td></td><td></td></tr>
<tr><td>6</td><td colspan="2">隐蔽工程验收记录</td><td></td><td></td><td></td></tr>
<tr><td>7</td><td colspan="2">施工记录</td><td></td><td></td><td></td></tr>
<tr><td>8</td><td colspan="2">工程质量事故及事故调查处理资料</td><td></td><td></td><td></td></tr>
<tr><td>9</td><td colspan="2">施工现场质量管理检查记录</td><td></td><td></td><td></td></tr>
<tr><td>10</td><td colspan="2">分项、分部工程质量验收记录</td><td></td><td></td><td></td></tr>
<tr><td>11</td><td colspan="2">新材料、新工艺施工记录</td><td></td><td></td><td></td></tr>
<tr><td></td><td colspan="2"></td><td></td><td></td><td></td></tr>
<tr><td colspan="6">结论：

施工单位项目经理：　　　　　　　　年　月　日
总监理工程师：　　　　　　　　年　月　日</td></tr>
</table>

表 3.6 ________单位工程安全和功能检验资料核查及主要功能抽查记录

<table>
<tr><td colspan="2">单位工程名称</td><td colspan="4"></td></tr>
<tr><td colspan="2">施 工 单 位</td><td colspan="4"></td></tr>
<tr><td>序号</td><td colspan="2">资料名称</td><td>份数</td><td>核查、抽查意见</td><td>核查、抽查意见人</td></tr>
<tr><td>1</td><td colspan="2"></td><td></td><td></td><td></td></tr>
<tr><td>2</td><td colspan="2"></td><td></td><td></td><td></td></tr>
<tr><td>3</td><td colspan="2"></td><td></td><td></td><td></td></tr>
<tr><td>4</td><td colspan="2"></td><td></td><td></td><td></td></tr>
<tr><td>5</td><td colspan="2"></td><td></td><td></td><td></td></tr>
<tr><td>6</td><td colspan="2"></td><td></td><td></td><td></td></tr>
<tr><td>7</td><td colspan="2"></td><td></td><td></td><td></td></tr>
<tr><td>8</td><td colspan="2"></td><td></td><td></td><td></td></tr>
<tr><td>9</td><td colspan="2"></td><td></td><td></td><td></td></tr>
<tr><td>10</td><td colspan="2"></td><td></td><td></td><td></td></tr>
<tr><td>11</td><td colspan="2"></td><td></td><td></td><td></td></tr>
<tr><td></td><td colspan="2"></td><td></td><td></td><td></td></tr>
<tr><td colspan="6">结论：

施工单位项目经理：　　　　　　　　　　年　月　日

总监理工程师：　　　　　　　　　　年　月　日</td></tr>
</table>

表 3.7 ________单位工程观感质量检查记录

<table>
<tr><td colspan="2">单位工程名称</td><td colspan="3"></td></tr>
<tr><td colspan="2">施 工 单 位</td><td colspan="3"></td></tr>
<tr><td rowspan="2">序号</td><td rowspan="2">项目名称</td><td rowspan="2">质量状况</td><td colspan="2">质量评定</td></tr>
<tr><td>合格</td><td>差</td></tr>
<tr><td>1</td><td></td><td></td><td></td><td></td></tr>
<tr><td>2</td><td></td><td></td><td></td><td></td></tr>
<tr><td>3</td><td></td><td></td><td></td><td></td></tr>
<tr><td>4</td><td></td><td></td><td></td><td></td></tr>
<tr><td>5</td><td></td><td></td><td></td><td></td></tr>
<tr><td>6</td><td></td><td></td><td></td><td></td></tr>
<tr><td>7</td><td></td><td></td><td></td><td></td></tr>
<tr><td>8</td><td></td><td></td><td></td><td></td></tr>
<tr><td>9</td><td></td><td></td><td></td><td></td></tr>
<tr><td>10</td><td></td><td></td><td></td><td></td></tr>
<tr><td>11</td><td></td><td></td><td></td><td></td></tr>
<tr><td></td><td></td><td></td><td></td><td></td></tr>
<tr><td colspan="5">结论：

施工单位项目经理： 年 月 日

总监理工程师： 年 月 日</td></tr>
</table>

19. 质量信息与质量管理的改进。

通过信息的收集和整理，分析工程质量和质量管理活动存在或潜在问题的原因，提出改进目标，制定和实施改进措施，跟踪改进的效果，促进质量管理的改进与创新。信息的收集应包括以下几方面。

(1)法律、法规、标准和规章制度等。

(2)工程质量的统计和分析报告。

(3)业主、监理对工程质量和质量管理水平的评价。

(4)各管理层次对工程管理情况和工程质量的检查结果。

(5)同行业其他施工单位的经验教训。

(6)市场需求。

(7)质量回访和服务信息。

学习和研究质量管理理论方面的知识，是抓好质量工作的基础，一定要对质量管理体系有一个清晰完整的认识，明确质量目标，明确在施工前、施工中、施工后作业人员的质量职责，明确质量控制的程序以及质量控制的难点和重点，并在施工组织设计和技术交底中制定相应的质量保证措施，确保质量目标的实现。

第五节　实践综述

各施工单位在投标书中和中标后的施工组织设计中，都编制了质量计划，对质量管理体系的建立、质量管理组织机构、质量管理的责任分工和质量控制的措施等质量管理工作都进行了详细的论述，工作标准不可谓不高，措施不可谓不到位，奖罚制度不可谓不严格。可质量管理工作在实际施工中效果如何呢？可以说是问题层出不穷，甚至发生严重的质量事故。理论和实际严重脱节。究其原因，一是思想认识的问题。首先是项目经理的思想认识，没有坚持质量第一的原则，孤立地看待成本，不在质量管理上下工夫，包括工作精力的投入和资金的投入，甚至把质量与成本对立起来；二是工作作风问题。首先是项目经理的工作作风，工作不踏实，作风浮躁，贪图享受，不思进取。三是管理水平的问题。首先是项目经理的管理水平，对管理人员和操作人员不会选配和任用，作业队伍选用和安排不合理，对质量问题不进行预防和研究，发现不了问题或潜在的问题，更不会处理问题。四是技术水平的问题。技术人员和操作人员不懂业务知识，缺乏专业技术培训，缺乏实际工作经验。上述问题的存在，既有国内大环境的原因，又有施工单位自身小环境管理的原因。

国内大环境包括投资规模大，工期要求紧；概算标准低，质量要求高；环境干扰多，协助配合少。

单位小环境包括工程项目太多，骨干人员分散；人才任用偏失，内部管理混乱；追求眼前利益，缺少长远规划。

当然，小环境还是受大环境影响的，但我们无法完全解决大环境的问题，只有通过自身的努力和良好的管理来消除一些不良的影响，增加效益，确保工程质量。为什么同一个工程项目，同一个施工地方，同一个建设单位，有的施工单位的管理就到位，而有的施工单位的管理却一塌糊涂呢？究其原因，就是一些单位的领导问题和一些单位多年来的积垢太多的原因。企业要想在激烈的市场竞争中立于不败之地，必须坚持以人为核心的原则。首先是加强领导班子的建设，特别是第一管理者的任用。其二是制定人才的培养和使用办法，不要求全责备，要善于发现人才和正确使用人才；其三是制定完善切实可行的内部激励办法，要根据责任大小、技术高低、工作强度等指标制定标准，拉开档次，在保证企业利益的前提下，尽量让职工多受益；其四是要加强职工的技术培训和技能培训，要走出去学习兄弟单位的管理经验和施工经验，要请进来各类专家讲课并帮助分析解决施工中遇到的疑难问题，引导全体员工树立学技术、学管理的良好风气，鼓励职工靠真才实学进步，靠真才实学挣钱。

鉴于大小环境影响下的监理单位和施工单位的自身现状，建设单位只有加强自身建设，并采取强有力的措施，加强现场管理，加大现场检查力度，督促监理自身管理水平、业务技术水平的提高和对施工单位进行有效的监管，才能确保工程的质量持续提高。

第六节　建设单位的质量管理

一、测量管理

铁路客运专线的建设，对线路的平顺性要求很高，所以采用基础平面控制网、线路平面控制网和基桩控制网“三网合一”的测量体系。同以往的测量工作相比，可以说是一个质的飞跃，再加上几百公里的施工范围，测量工作将直接影响到客运专线的建设速度和建设质量。所以应安排有铁路客运专线测量工作经验的测量工程师专门负责全线的测量工作，协调各设计院的测量工作及各施工单位的测量工作，制定测量方面的规定规程，检查监理测量工程师和施工单位的测量工作，处理线下和线上、站前和站后施工项目的测量配合问题等。

二、试验管理

铁路客运专线的建设，对混凝土的耐久性提出了明确要求，对混凝土的原材料使用及混凝土的配合比的选用都与以往混凝土的质量要求有重大的变化。混凝土配合比的准确与否以及搅拌站的产品质量都将对工程质量产生重大影响。全线几百公里施工范围，实验室和搅拌站合计达近百个，分散管理很难控制整体质量。最好应配备有铁路客运专线试验经验的试验工程师负责全线的试验工作和混凝土搅拌站的质量监督工作。负责制定试验和搅拌站方面的规定规程，协调处理工程施工中存在的问题，监督检查试验监理工程师的工作，监督检查施工单位的试验工作和混凝土搅拌站的工作。

测量和试验工作是工程质量管理的两个重点方面，这两项工作做好了，工程质量就有保证了。要制定详细的测量和试验工作标准和要求，明确职责权限。

三、原材料管理

1. 对工程质量影响很大的水泥、钢材、外加剂、粉煤灰、矿粉等材料实行甲控制度。由工程部和安质部负责对全国的生产厂家进行分批调查，分批确定符合客运专线要求的厂家名单，并及时公布。施工单位在施工中只能采用公布的厂家提供的材料。

2. 对工程质量影响很大，但质量不易控制的砂、石材料实行原产地管理制度。砂和碎石必须采用合格配合比，所采用的产地，要具体到场名和矿名，监理要到原产地检查，做好记录，并定期检查，严格把关。

四、桩基和预应力混凝土梁的管理

桩基的质量和预应力混凝土梁的张拉质量对铁路客专建设的影响是致命的，稍有疏忽，后果不堪设想，所以必须严加管理、有效管理。

1. 桩基检验单位一定要认真负责，公正廉洁；检测的墩号和桩号一定要准确，不能穿插检测，要求一个完整承台下的钻孔桩要一起测；要求现场监理必须旁站并在施工单位交给检测单位的桩位图上签字。防止个别施工单位弄虚作假。并适时安排第三方抽检，以确保桩基的质量。

2. 预应力钢筋混凝土梁张拉时，监理必须旁站，张拉人员必须经过培训，合格后方可上岗，并有张拉工证。对预制的预应力混凝土梁的钢绞线必须采用后穿束法，对现浇的连续梁钢绞线也应尽可能后穿，存在困难的，可采用先穿束法，但要采取有效措施保证钢绞线的张拉质量，终张拉时总监必须亲自旁站。

五、现场管理

安质部应合理安排现场检查人员，以 200 km 线路或一个大的站场枢纽安排一人为宜，要制定工作范围和工作标准，明确职责权限。要来回巡查，检查监理单位和施工单位的现场安全质量管理情况，包括外业和内业。要廉洁自律。要求每个检查人员每个星期都要写出检查报告，并提出奖罚建议和其他合理化建议。安质部根据各检查人员的检查报告，及时下发整改通知书或通报。

六、检查总结

建设单位要定期对施工单位和监理单位的工作进行检查，一般一个月一次比较合适。建设单位应组织各部门和各指挥部相关人员(必要时可邀请有关专家参加)，每月利用 2～4 天时间，在全线抽检 4～8 个工点，检查组分外业组、内业组等，进行安全、质量、环保、文明施工等管理活动的检查，并形成检查通报，在每月的安全质量分析会上进行总结，可设奖旗授予先进单位。让全体参建单位受到教育和启发，用解剖麻雀的工作方法，找出各种问题的症结，举一反三地处理工作中的各种问题，使铁路客运专线建设稳步健康的持续发展。

第七节　施工单位的质量管理

施工单位是质量控制的主体，是工程质量控制的关键。所以施工单位必须采取有效的对策和措施，加强工程质量的管理工作。下面就项目部在施工质量方面的问题谈一下个人的认识和想法。

一、组织管理方面

1. 施工单位应选用德才兼备、有凝聚力和协调能力并有一定管理经验的人员任项目经理。项目经理也要自觉学习各类知识，抵制歪风邪气，要练就一身过硬本领，能够面对任何困难并承受外来压力。

2. 项目经理要用人唯才，并想办法挖掘人才和保住人才。人才是多方面的，包括管理人员和操作人员，不要求全责备，要善于利用他们的优点，合理控制他们的缺点和不足。

3. 对于施工队伍要严格管理。不论是什么来路，只要这个队伍的施工质量不能满足要求，就一定要换掉。这一点至关重要。项目经理必须对这个问题有一个清醒的认识，国家利益和集体利益高于一切。

4. 对施工队伍要合理安排工作量。有些施工队伍承接了大量的工程，到处施工，操作人员水平低，管理严重跟不上，有的层层分包，安全质量问题层出不穷，严重影响了工程建设的安全质量和进度。项目经理必须对这个问题有一个清醒的认识，工作量的安排要有一定的余量，不要一下安排完，先期每个施工队伍尽量少安排任务，要让施工队伍之间形成竞争，同一个单价，谁干得快，谁干得好，谁往前干。

5. 切实做好农民工的理论培训和实际培训工作。理论培训包括安全质量培训和专业技术培训，实际培训包括自身工作培训和外出学习培训。

6. 制定行之有效的各种规章制度并严格执行。对管理人员和施工队伍，一定要严格管理，奖罚分明，决不能心慈手软，糊涂了事。须知“好事不奖，坏事不罚”是打击了好人，纵容了坏人，将严重挫伤广大职工和民工的积极性，滋长歪风邪气，错误的行为得不到有效的纠正，甚至还会扩展蔓延，严重危害工程的安全和质量。

二、技术管理方面

1. 正确使用工程日记和工程日志

工程日记是现场管理人员每人都要记的，主要是记录本人的工作，即“我”所干的、所听到的和所看到的事情，是以“我”为中心而记录的工作过程。一般由个人负责保管。

工程日志是由项目总工安排的专门人员记录的，主要是记录单项工程的施工过程和安全质量控制的全过程，是以“工程”为中心而记录的。应由项目部负责保管。

2. 正确理解交底的含义及要求

交底包括技术交底和其他相关要求的交底。

①项目部在施工前，应通过交底确保被交底人了解岗位的施工内容及相关要求。

②交底的层次、阶段及形式应根据工程的规模和施工的复杂、难易程度及施工人员的素质确定。

③交底可根据需要采用口头、书面及培训等方式进行。

④交底的依据包括施工组织设计、专项施工方案、施工图纸、现场实际情况、施工工艺及质量标准等。

⑤交底的内容包括质量要求和目标、施工部位、工艺流程及标准、验收标准、使用的材料、施工机具、环境要求及操作要点等。

3. 正确编制和使用各种技术文件

①施工组织设计。由项目总工负责组织编制，需经项目经理批准和总监理工程师批准后才能实施。施工组织设计是对整个项目的总体规划，是用来指导施工项目全过程各项活动的技术、经济和组织的综合性文件，是施工技术与施工项目管理有机结合的产物，它是工程开工后施工活动能有序、高效、科学合理地进行的保证。施工组织设计的学习培训对象主要是全体技术人员和管理人员。

②专项施工方案。一般由主管工程师负责编制，需经项目经理批准和总监理工程师批准后才能实施。重大的、复杂的施工方案需经相关专家论证后确定。专项施工方案是对施工组织设计里的分项工程、分部工程和特殊工程的施工作业具体化描述。专项施工方案的学习培训对象是

相关技术人员、管理人员和作业队负责人员。

③作业指导书。一般由主管工程师编制，项目总工程师批准才能实施。作业指导书是指为保证过程的质量而制订的程序，广义地讲，工作细则、工作标准、操作规范、操作规程等也属于作业指导书。

作业指导书的内容应满足“5W”和“1H”原则，任何作业指导书都须用不同的方式表达出以下几点。

When，即在什么时间使用此作业指导书。

Where，即在哪里使用此作业指导书。

Who，什么样的人使用该作业指导。

What，此项作业的名称及内容是什么。

Why，此项作业的目的是什么。

How，如何按步骤完成作业。

并不是每一项工作都需要作业指导书，只是在“没有作业指导书，不能保证质量时”才需编写。

作业指导书学习和培训的对象是相关管理人员和作业队全体人员。

④技术交底。这里主要指狭义的技术交底，是由现场技术人员负责编写，主管技术人员审核发放，是对唯一的工作对象进行施工前的进一步细致的、具体化的交底，这种技术交底书也是唯一的。技术交底学习和培训的对象是相关管理人员和作业队全体人员。

4. 正确处理技术交底和作业指导书的关系

从广义来讲，施工图纸、施工方案、放线测量、作业指导书、操作规程、安全规程等都属于技术交底范畴，只是为了明确交底的性质和作用，减少每次交底的重复性才单独分出，施工中所说的技术交底一般都是狭义的。需要明确的是，技术交底里面如果有作业指导书，则一定要说明按哪个作业指导书执行。

作业指导书是对同一类活动编制的标准化操作程序，这种程序越细，工作也越有保证，但只要能保证质量，就不需要再细化了。一般是以不同施工任务的班组为交底对象，如“钢筋混凝土施工作业指导书”，其交底范围就太大了，这样的交底范围，就包括了钻孔桩、承台、墩身、混凝土梁和钢筋制作等方面的施工，还包括搅拌站和实验室工作。对于大的项目，一般应分“混凝土搅拌及运输作业指导书”、“钻孔桩施工作业指导书”、“承台施工作业指导书”、“墩身施工作业指导书”、“钢筋混凝土梁施工作业指导书”、“预应力张拉作业指导书”、“箱梁压浆作业指导书”；必要时，还需分开编写“钢筋加工制作作业指导书”、“墩身模板拉杆眼处理作业指导书”、“桥墩外观整治作业指导书”等。

技术交底是对每一个具体的工序进行唯一性的交底。如现浇梁满堂支架下的三七灰土施工，技术上首先要编制“三七灰土施工作业指导书”，而在具体施工到某一孔的三七灰土时，就要进行具体的技术交底，除要求执行“三七灰土施工作业指导书”外，还要说明对该孔梁地面下的特殊情况的处理（如泥浆池的处理、地面含水量超过规定或粉沙土需换黏性土等）、标高及轴线的控制、安全注意事项等。

三、检查分工方面

正确处理好技术人员和质量检查人员的分工，明确好各自的职责和权限范围。对于交底和隐蔽工程检查，总的原则是谁交底，谁检查，谁落实。但由于安全和质量的重要性，各单位按规定都设置了专职安全员和质量员，所以现在在分工上有所偏重。但技术人员是监控主体，这一点必须明确。

技术人员在内业方面，要进行安全技术交底和施工技术交底，内容包括安全问题和质量问题，交底的依据是图纸、施工组织设计、施工方案、现场实际情况和参考资料等。在外业方面，要进行隐蔽工程的检查，主要是工程的标高、轴线、尺寸、钢筋的位置和根数、模板的加固、混凝土的施工和养护等是否符合图纸和验标要求，是否符合作业指导书和技术交底的要求。

质量检查员主要是检查质量体系里面各部门和各个施工环节质量控制的情况，是否按照要求操作，有什么问题、怎么整改、结果任何、如何预防提高等，并做好检查记录。检查的依据是质量计划、技术上所有交底里面有关质量的要求、国家相关部门发布的质量方面的法律、法规、标准、规程等。对隐蔽工程检查，主要是依照技术交底里面的质量要求和施工指南、验标上的质量要求进行检查，并检查质量控制的各个程序和作业过程是否符合要求。

四、施工方面

施工方面的质量控制在各类规范、指南和验标里都有明确的规定和要求，要认真执行；本文着重对工程质量影响比较大的或容易忽视的，施工时应加以注意和严加控制的一些问题进行简单阐述。

1. 测量管理

项目部要成立测量队，负责全线的测量工作，一般应由工程部副部长任队长，工点要成立测量组，一般应由工点技术主管任组长；测量队与测量组的工作范围和职责权限一定要明确、清晰，并责任到人。项目部要改变以往的观念，切实加强测量的管理工作，要配足人员，给足待遇。

2. 试验管理

铁路客运专线的建设，对混凝土的耐久性提出了明确的规定，对原材料的检验和要求以及混凝土的配合比、检测项目等都与以往的工程有着质的飞跃。所以项目部任命的试验室主任最好是参加过高速公路建设和铁路客运专线建设的试验人员，要配足人员，给足待遇。

3. 搅拌站管理

搅拌站既是项目施工的心脏，又是项目成本的重要组成部分，更是项目质量控制的根本。搅拌站管理的好坏，直接影响整个工程的管理，包括质量管理、成本管理和工期管理。一定选派吃苦耐劳、责任心强、敢于管理、业务精湛的职工任站长或试验负责人。要慎之又慎，认真研究，承包到位并绝对控制。

4. 原材料管理

①在搅拌站门口及存料场分别制作几个池子，内径约 1 m，高约1.5 m，搭好防雨棚，里面分别存放合格的砂和碎石。对于来料，收料人员应对比检查，不合格的应拒收。试验人员的检验应按照规定进行。

②粉煤灰、矿粉等活性掺料，要严格采用配合比合格的供货单位提供的，粉煤灰要定期到电厂粉煤灰供货处核对送货车辆的牌号、等级、数量与现场到货车辆的牌号、等级及数量是否一致。矿粉一样要到厂家调查。防止以次充好，影响工程质量。

③粉煤灰、矿粉等现场抽检时应在打灰过程中的开始、中间和最后进行三次抽检，分别检验。

④搅拌站的料场要考虑冬季和雨季一个月的备用量，防止原产地的材料供应不足而造成原材料不足或停工。

⑤配合比要根据可能使用的供货单位，多做几组试验，以防水泥、沙子、碎石、粉煤灰、矿粉等原材料供应不及时而变更厂家引起停工。

⑥加强对收料人员和实验人员的教育，制定切实有效的规章制度，加大奖罚力度。

5. 模板管理

①墩台身和梁体大都采用大型钢模板，钢模板的数量和质量直接影响到混凝土的内在质量和外观质量，还极大地影响到工程的成本，所以必须认真做好规划工作，根据施工组织设计和详细的施工方案，确定钢模板的型号、数量以及供货日期。一定要考虑工期的余量和加工生产的余量。

选择模板厂一定要慎重。要到厂家考察并到使用该厂模板的工程进行考察。到厂家考察主要是查看模板厂的设备情况、人员情况、技术力量、加工量情况、质量控制情况等。还要商谈钢板原材料的质量保证、钢板的预处理情况、台座长度是否与模板全长一致、售后服务情况等问题。

②项目部一定要先行策划模板的形式。包括分块形式、板块大小、板缝形式、板缝的位置和模板接头的形式等；主要从混凝土的浇筑工艺、外观的质量要求、模板的通用性、模板的吊装安装拆卸的方便性、模板拼装的准确性和模板在其他工程的适用性等全盘考虑，画出草图，文字说明清楚。并与厂家充分交流探讨，形成会议纪要，最后由厂家画出正式图纸，交项目部审核签字。

③模板加工合同上，一定要有质量要求和验收标准，验收地点。验收标准不能照抄过时的标准，要根据现行的墩、梁混凝土的验收标准和建设单位的要求确定模板的验收标准。特殊的要求如原材料是否需要预处理、模板内表面的光洁度、钢板的拼缝处是否需要采用刨或铣削处理等都需要在合同中明确。

④模板的加工过程，项目部一定要经常检查加工质量，发现问题及时处理；加工完成后，一定要在厂家试拼，项目部要派专业的技术人员和专业的模板负责人到厂家进行验收，发现问题在厂家解决，并且能够保证整改质量。

6. 桩基施工

①钻机的类型和技术指标一定要与地质相符,要认真研究地质图,必要时与地质人员联系,确定地质的详细情况。钻头的尺寸要经常检查,防止磨损,造成桩孔的尺寸改变,影响钢筋笼的吊装。

②对于砂层和夹层地质,一定要慎重。泥浆的各项指标一定要符合规定,不要存在侥幸心理,要调整钻孔速度,并配备适量的膨润土或红土等护壁材料。

③灌筑水下混凝土时,混凝土的流动性对灌筑质量影响很大,一定要严格控制。要根据原材料情况适时适当地调整实际配合比,事先要经过试验监理的同意,并严格控制混凝土的搅拌时间和运输时间。

④导管埋深控制在 3～6 m,每辆车到现场后,必须检查流动性,发现不好,立即处理;在浇筑过程中 ,如发现严重离析现象,也必须立即停止并抓紧处理。如果第二辆混凝土灌车未到现场并检查合格,第一辆混凝土灌车里的混凝土不得灌完。

⑤混凝土灌注到钢筋箍筋位置时,要适当放慢速度,以防"浮笼"发生。灌注过程中和灌注结束时,技术人员和灌注人员一定要分别测量导管埋深和最后混凝土面的标高,以防出现差错,造成严重后果。

⑥混凝土桩头的预留高度先期要控制在 1 m 左右,避免超灌,减少成本。

7. 承台施工

①承台基坑四周要挖排水沟和集水沟,以便排出污水。

②桩头凿除时,宜采用环刀法施工。一般是先剔出主筋,再在设计桩顶位置打眼,靠混凝土的脆性分裂桩头为两截。值得注意的是一定不要因为片面抢进度而损坏钢筋,使钢筋变形,特别是螺纹钢,变形后难以处理;另外,设计桩顶要伸入承台 10 cm,打眼时,位置要高于设计桩顶 20 cm,桩头吊走后,再用风镐细凿,并修整桩顶顶面,清除周边混凝土碎块和污土,以确保桩头与承台的连接质量。

③承台的模板,应尽量不要用拉杆。节约成本并减少基坑的开挖尺寸。

④承台混凝土浇筑时,尽可能采用低坍落度的混凝土,从短边开始,沿长边分层施工。如用留槽下灰,一般不少与 2 处,并尽可能设计成左右

活动的，增加下灰地点，并在承台钢筋上设置钢板承接混凝土，减少混凝土的离析。浇筑到承台顶面时，在墩身范围，要适当高出周边 5 cm 为宜，以便凿除后不形成凹坑。

⑤注意现场文明，克服不良习惯。无论是承台、墩身施工，还是梁体施工，操作人员在施工处不得乱丢烟头、纸张、塑料袋等污染品；在进入施工钢筋位置上时，一定要注意鞋上的泥土，要外套塑料套或换鞋，确保混凝土及钢筋不被污染。在浇筑过程中，要采取有效措施，尽可能保护未施工的模板和钢筋不被混凝土过早喷溅，以确保混凝土的整体质量。

8. 墩身施工

(1)墩身模板的控制

①项目部要成立墩身模板检查组，由有经验的质量检查员任组长，一名技术人员和一名木工领工员任组员，负责各个工点墩身模板的最后检查和模板拆除后混凝土外观的整修以及整修后质量的最终确定 。

②墩身模板检查组要与模板生产厂家密切联系，共同解决施工中发生的问题。一般模板厂家只负责参加前两个墩身模板的安装及整修。所以，检查组一定要利用出厂前的检查，将主要问题彻底解决；在工地前两个墩身施工中，着重解决新发生的问题及原来忽视的或没有发现的问题。

③墩身模板的拼装，要分层安装，分层调整。下层模板安装后，上部分拉杆调整平顺后，再进行上层模板的安装；全部模板拼装完成后，再上完全部拉杆，根据模板的平整度、接缝情况等进行最后的细调。要注意的是拉杆的螺帽一定要上双帽。

④墩身不论高低，一定要设一道或多道风绳，必要时在下部加顶撑或在承台上打短筋顶紧卡死，以控制墩身的位置和墩身的垂直度。

(2)墩身钢筋的控制

墩身钢筋，包括墩帽钢筋、承台钢筋、梁体钢筋的加工，一定认真审查图纸，最好先加工 1～2 个样板进行施工，以防出现错误而造成大批钢筋半成品报废。因为图纸、钢筋机械误差、人工加工误差、钢筋直径误差、操作安装误差、模板误差和现场其他设施干扰等造成累计误差，极容易造成钢筋间的干扰和保护层大小超标。项目部要根据样板钢筋的问题，制定相应的对策和措施，适时调整部分钢筋的数据，确保大批量生产的钢筋半成品质量。

(3)墩身混凝土的控制

①搅拌站的质量控制非常关键,要严格原材料管理,要选用和外加剂适配的水泥、砂、碎石等原材料,外加剂的减水率要保持稳定。发现问题,要适时适量调整实际配合比和搅拌时间,确保混凝土的坍落度、和易性符合要求。

②混凝土的坍落度由于受运输设备和浇筑设备的影响,坍落度普遍较大,一般都大于12 cm,有的达到16 cm。在墩身施工中 ,极宜造成离析,浮浆严重。所以要想办法降低混凝土的坍落度,必要时,调整浇筑设备,如采用吊车提升等。

③混凝土浇筑前,现场负责人员和质量检查人员要确定下灰的串筒位置,钢筋密集时,可采用软串筒;到现场的每一罐混凝土都需检查和易性,达不到要求,坚决退回。

④混凝土的振捣操作人员,一定要选用经验丰富的,参加过下部承台浇筑,对高性能混凝土的浇筑振捣情况比较了解的人员。要进行作业培训,严格控制振捣时间和规范振捣方法,要对操作人员的振捣范围和质量要求进行责任划分,严格奖罚。

⑤混凝土振捣时,振捣人员一定要手握振动棒前端,以能控制住振动棒为宜。这样,能够确保振动的位置准确,从而保证混凝土的内在质量和外观质量。如是空心墩,一是控制每层混凝土的浇筑高度,二是选派身材瘦小的人在下面控制振动棒的位置,上面的人控制振捣棒的移动。

⑥高性能混凝土在振捣过程中,如果离析或浮浆较多,应立即调整下一盘灰的坍落度,并改变振捣工艺。如先振内边或中心,将浮浆引向内边模或墩中心,以及用小铁锹和木棍、短钢筋等进行特殊处理。

⑦每一个墩身模板拆模后,项目部墩身模板检查组都要对墩身进行认真检查,墩身振捣人员也一同参加,对外观的气孔、蜂窝、麻面、掉角、错台和颜色均匀度等问题进行详细的分析,认真查找原因,制定预防和处理办法。

⑧墩身模板拆除后,应立即进行混凝土外观的修整工作。特别是拉杆孔的堵塞处理,由于牵连面太多,且质量容易失控,所以要有详细的作业指导书。堵塞时,可先用与孔径相当的碎石塞入孔内3～5 cm,然后用半干性砂浆打实至表面内2～3 mm,再用调配好颜色的水泥砂浆抹平并

根据气候情况分 2～3 次收光，清除干净周边污染处的水泥浆等，最后用塑料薄膜包裹养护。需要注意的是施工时，一定要采取保护措施，防止污染墩身。

9. 混凝土梁的施工

混凝土梁的施工质量控制与墩身施工一样，不再重复。需要注意的是以下几点。

①梁体浇筑前，一定要将下灰口的软串筒安置好，并防护好周边的钢筋不被污染；浇筑的先后位置和方法都要在作业指导书中明确。

②梁体浇筑时，要至少保证两台泵车，必须对称浇筑，速度一致。浇筑的速度与振捣的速度相当。

③梁体浇筑前和浇筑过程中，一定要指定专人检查模板情况和下面架子的情况，要有应急措施。墩身施工采取相同措施。

④梁体浇筑快到顶时，一定要减少混凝土的坍落度，必要时撒铺一层干净的小碎石，并及时找平，以确保顶面的质量。

⑤波纹管的定位要严格控制。应按照设计位置，先用扎丝控制全长中所有直线段和曲线段的两段，然后再在每一直线段和曲线段的中部按照设计位置调顺，逐渐缩短扎丝的位置，满足设计要求，最后用井字筋焊牢。需要注意的是在绑扎丝的过程中，一定要有人站在梁的外侧适当位置观察波纹管的平顺情况，并结合设计控制点进行微调，确保波纹管平顺并且位置正确。

⑥锚垫板的位置和方向一定要严格按图纸要求安装，并加固牢靠。确保钢绞线的受力方向正确和摩擦阻力符合实验数据。

⑦挂篮施工的现浇连续梁应力和变形检测，要委托有资质的且经验丰富的单位进行。要根据检测数据及时调整各部标高。

⑧无论是预制梁架设还是现浇梁施工，都必须检查梁边是否与已完成的梁边高低、方向一致，必要时，进行微调。以防影响美观和使用。

10. 路基施工

①地基的加固处理要认真做好工艺性实验，实验参数要保证困难条件下的质量要求，并应尽早进行承载力和变形检测，早发现问题早处理。

②路基的填料要多选几处，并分别做实验。要调查各处的储备量及不利气候时的开采和运输情况。

③路基填料如采用复合料时，要采用厂拌法拌合。严禁在路基上拌合，以确保填料的质量。

④路基实验段所获得的虚铺厚度、碾压遍数等工艺参数，要认真进行分析研究，如人员、设备和天气是最佳状态还是一般状态，材料的质量是最好的还是一般的。要考虑不利因素的影响，调整工艺参数，确保工程质量。

⑤掺有水泥、白灰等胶凝材料的复合土，施工时需考虑水泥、白灰等材料强度的增长速度。确保上层施工机械碾压、振动时不会造成下层路基的损坏。

第八节　案例分析

一、施工技术、工艺流程控制方面的问题

1. 工地的桥墩外观不符合要求

情况：一桥墩模板接缝不齐，拉筋眼堵塞随意，墩身外观色差较大；造成不良影响，最后凿除重建。

原因：技术交底不清，管理松懈，监管不严。

2. 某工地现浇简支梁张拉时出现问题

情况：一现浇预应力混凝土梁纵向预应力张拉时，端头锚垫板陷入混凝土内，且梁体端头下部开裂，张拉被迫中断。

原因：梁体端部预应力管道及钢筋密集，混凝土振捣不密实；说明施工单位技术措施不到位，管理松懈，监管不力。

3. 某工地现浇简支梁预应力计算不准确

情况：检查某工地的预应力张拉计算说明书，发现预应力计算中漏列锚口预应力损失一项，造成预应力张拉控制力不足。

原因：预应力计算书中仅有一名年轻的技术人员签名，无复核人和审核人，也无监理签认。说明施工单位管理不到位，监管不力。

4. 某工地预应力塑料质量问题

情况：检查梁体钢筋及预应力管道安装，发现正在固定就位的预应力塑料波极易脆性破坏，后经实验确认是磷元素超标，厂家确认此批产品不合格并给予更换。

原因:材料进货检验形同虚设,质量管理不到位,监管不力。

5. 某工地墩顶垫梁石强度不符合要求

情况:检查工地发现一垫梁石表面破损露出水泥砂浆,却没有碎石;仔细检查,发现垫梁石顶部 15 cm 范围内是纯水泥沙浆,强度远低于设计要求。

原因:现浇临近简支梁时,泵车先行进行润滑管子的水泥砂浆被当作混凝土浇筑了垫梁石,留下隐患;说明施工单位质量保证措施不健全,管理松懈,监管不严。

6. 某公路铁路两用桥立墩钢筋压弯

情况:某单位采用移动模架进行铁路简支梁现浇施工,完成后移动模架纵向分开向两边移动,上层公路梁的边立柱钢筋影响移动模架的移动,施工人员将螺纹 25 的钢筋随意压弯,造成质量隐患;研究决定对已弯钢筋的性能进行实验测试,并采取了加固处理。

原因:方案审查不细,技术交底不清,质量控制不严,监管不力。

7. 某工地现浇梁满堂支架基础不合格

情况:检查支架地基处理技术资料,首先发现,原地基未做承载力实验;其二,原泥浆坑的处理方案和检验结果无资料;其三,三七灰土无实验资料;其四,支架下端没有按要求设置硬方木。

原因:技术交底不清,质量措施不到位,管理不严,监管不力。

8. 某工地现浇简支梁端头锚具不符合设计要求

情况:检查现场发现一简支梁端头锚具方向不符合设计,要求整改;之后到同一项目部另一处现浇简支梁处检查,与之前问题相同。

原因:现场技术人员业务不熟,工作不踏实,技术交底只是复印图纸,管理混乱,监管不力。

9. 某工地现浇连续梁支座位置不准确

情况:在现场内业资料检查时发现技术交底图中主梁支座的上钢板预偏位置放反,一正一反误差 10.2 cm。

原因:技术人员业务不熟悉,施工单位管理不到位,监管不力。

10. 某挂篮施工的连续梁预应力不符合设计要求

情况:在现场检查时发现纵向和横向预应力均不符合设计要求,甚至相反;技术人员看不懂图纸。

原因:技术人员业务不熟练,施工单位管理不到位,监管不力。

11. 某工地现浇连续梁支架未按设计要求拆除

情况:某一分A、B、C、D段现浇的连续梁施工中,作业队未按设计要求的位置拆除钢管支架,而是在受力最大处拆除钢管支架,3天的拆除期内无人过问,造成梁体开裂;损失巨大。

原因:技术交底不清,质量措施不落实,管理无程序,监管不到位。

12. 某工地现浇连续梁支座上有垃圾

情况:现浇梁浇筑混凝土时未能清扫模板上的锯末等杂物,拆模后发现几个支座顶部均有不同厚度的锯末等杂物,处理费用昂贵。

原因:管理混乱,监管不到位。

13. 某工地现浇连续梁支座钢板操作失误

情况:现浇梁支座上下钢板应平行设置并且上下连接牢固,浇筑混凝土后并有一定强度时,才能解除连接受力;现场却提前在浇筑混凝土前解除上下钢板的连接,造成浇筑混凝土时上钢板倾斜;处理艰难。

原因:技术交底不清,现场检查不细,质量管理不到位,监管不严。

14. 某工地现浇简支梁支座未按规定灌注

情况:现浇简支梁支座下灌注CA砂浆调整标高,而作业队在灌注支座砂浆时,不按规定操作,造成支座下灌浆料强度不够、分布不匀,甚至无砂浆;运梁车在其上行走时多孔现浇简支梁的支座被压坏;最后返工处理。

原因:现场管理极度混乱,监管不力。

15. 某工地挂篮施工的现浇梁不符合要求

情况:节段的接头不齐、方向不顺且顶面平整度不好;第三方科研单位应力、应变检测和指导形同虚设。

原因:第三方科研单位业务不熟练,现场经验差,提供的数据不准确,不能正确地指导施工;且施工单位与第三方签署的委托协议责任不详、内容不细;现场管理松懈,得过且过,监管不严。

16. 某高速公路特大桥的箱梁模板错误加工

情况:特大桥在公路曲线上,箱梁的端头是斜向的,方向应与公路曲线方向一致,上下幅均分外边梁、内边梁、中梁;钢模板加工制作时,采用的是设计提供的图纸,而桥梁图纸设计又是套用的定型图;设计没有注明南端和北端，技术人员又没有认真审图，只是将图纸复印交与模板加工厂，加工厂不具备这方面的知识，等到货到现场后才发现问题，影响工期。

原因：技术人员缺乏经验，技术交底不认真，监管不严。

17. 某高速公路大桥的预制箱梁加工问题

情况：箱梁预应力钢绞线采用先穿法穿束，施工时作业人员振捣混凝土时将波纹管振破，混凝土进入；预应力张拉时发现问题，进行了“开膛破肚”处理，但无人监管，整改不彻底，造成多片箱梁存有隐患，最后加固处理。

原因：本梁场三个预制梁施工队伍，出问题的全是其中一家；说明施工单位技术业务培训不到位，质量控制措施不落实，管理松懈，监管不力。

18. 某高速公路工程大桥台后填土不当

情况：台后填土长 20 m，当地一霸强干，项目部疏于管理，开通一年后路基沉降较大，业主发函要求处理，后采用压浆加固。

原因：施工单位以包代管，现场管理不到位，监管不严。

19. 某高速铁路工程路基施工未按要求进行

情况：在某工地进行的路基施工中，设计的基床底层横坡和表层的横坡坡度不一样，施工单位在基床表层施工时，只控制坡顶填筑材料的厚度，没有控制坡底材料的厚度，造成路肩处的填筑材料厚度超标，压实质量难以保证；只好推掉重来。

原因：施工方案审查不细，技术交底不清，质量控制不认真，监管不力。

20. 某高速公路大桥的桩基断柱问题

情况：豫东某大桥的钻孔桩进行混凝土灌注时，孔内混凝土不翻浆，最后造成断桩；不久又有一个钻孔桩因同样问题断桩，引起了各方关注；检查混凝土的配合比和各种原材料，发现混凝土的外加缓凝剂全称是高效减水缓凝剂，减水剂容易产生“假凝”现象，而工地搅拌混凝土的搅拌机是普通 500 型搅拌机，搅拌速度慢且容易出现故障，混凝土运输采用的混凝土泵也会造成坍落度损失；通过混凝土出料口的坍落度和井口坍落度的对比发现坍落度损失达到 6 个，如果两盘灰之间的时间间隔超过 20 min，则混凝土在井中根本不能翻浆，造成断桩；据此，采用减少外加剂，调整混凝土配合比的措施，实践证明措施是正确的，工地未再出现断桩事故。

原因:技术人员缺乏经验,出现问题后相关人员不能正确地进行详细分析研究,管理不到位。

21. 某工地预制梁浇筑问题

情况:某一片大梁晚 9 时开始浇筑混凝土,突降大雨,且时停时下,工地无任何防护遮蔽设施,早 6 时结束浇筑;现场开会分析并多方检验、实验。

原因:技术交底不清,质量控制措施不落实,管理不到位,监管不严。

22. 某工地遮檐板不符合要求

情况:到现场检查,发现遮檐板钢筋保护层均大于规定,遂检查钢筋下料长度,发现下料长度均人为减少,属偷工减料。

原因:现场管理混乱,监管不力。

23. 某工地钢构桥墩身不合格

情况:薄壁墩身 4.5 m 高,采用木胶板当模板,模板加工拼装及加固方案不过关,浇筑混凝土时跑模并发生扭曲变形,后花大力气进行了整修。

原因:无详细的作业指导书,模板施工方案不细致,审核不严,管理松懈,监管不力。

24. 某工地钢构桥梁体钢筋不合格

情况:钢筋下料不标准,半成品加工不规范,钢筋焊接连接方式随意,现场钢筋绑扎施工混乱;造成较多的不合格项目,多次撤换作业队并多次返工。

原因:钢构桥梁体钢筋密集,对下料、加工和安装的精度要求很严,必须制定详细的作业指导书和工艺要求,对钢筋的接头形式和钢筋的骨架形式以及安装绑扎的次序都必须进行详细的论证研究。说明施工单位内部管理体制不健全,技术交底不清,质量控制不到位,监管不力。

二、质量样板工程

在某高速铁路连续梁施工工地,现场工作有序,符合要求。

质量管理有序,质量控制措施到位。具体如下。

连续梁钢筋下料准确，绑扎焊接标准，横平竖直，整齐一致，各个控制点胎架标准，位置正确；连续梁波纹管控制胎架标准，位置正确，波纹管方向、弧度平顺圆滑，符合设计和规范要求。

梁体端头板是根据图纸设计，采用整体钢模，锚垫板的定位和方向准确。

在现浇梁的横隔板处均插入 8～12 根 ϕ80 钢管至梁底下层钢筋中，用于下振动棒，确保钢筋密集处、锚垫板处及支座处的混凝土振捣密实。

技术交底细致，质量控制措施健全。

领导重视，管理到位。

第九节　现场图例

1. 预制箱梁波纹管安装规范美观（如图 3.3 所示）

图 3.3　梁体波纹管设置正确

钢筋加工安装标准规范，波纹管安装定位准确，线条顺直，曲线平滑，整洁美观。

2. 桥墩桩基施工标准美观(如图 3.4 所示)

桩身顶部切割采用环刀法,整洁美观,钢筋及桩头保护符合规定,现场防护到位。

图 3.4　桩基样板

3. 连续梁钢筋安装标准美观(如图 3.5 所示)

图 3.5　梁体钢筋绑扎样板

钢筋下料、加工、绑扎标准,措施到位,钢筋横平竖直,整洁美观。

4. 连续梁端模板加工规范(如图 3.6 所示)

端模采用大型钢模,锚垫板定位准确,操作方便,钢绞线张拉质量易保证。

图 3.6　梁体端模样板

5. 承台顶混凝土凿毛不符合要求(如图 3.7 所示)

图 3.7　承台顶凿毛不符合规定

混凝土接茬处凿毛应露出新鲜的“破口石”,且石粒分布应均匀。

6. 钢构桥梁顶钢筋绑扎混乱(如图 3.8 所示)

钢筋下料、加工及绑扎均不规范,主筋分布不均匀,箍筋绑扎高低不齐。

图 3.8　钢构桥梁顶钢筋混乱

7. 钢构桥梁体腹板钢筋绑扎混乱(如图 3.9 所示)

图 3.9　钢构桥梁体腹板钢筋混乱

钢筋下料、加工及绑扎均不规范,纵向主筋随意摆放,没有规矩,造成钢筋位置错误,堆积叠加。

8. 电缆槽钢筋位置错误(如图 3.10 所示)

钢筋绑扎安装不规范,随意摆放,无钢筋定位设施。

图 3.10　钢筋位置错误

9. 钢筋套管接头不符合规定(如图 3.11 所示)

图 3.11　接头不符合规定

钢筋头未修整,套丝不规范,外露丝数超过规定的 1.5 个丝,且套筒与另一钢筋无距离。

10. 钢构桥支座处负弯矩钢筋制作混乱(如图 3.12 所示)

钢筋加工无作业指导书,无模具和加工设备,施工人员随意加工,形状各异。

图 3.12 框架梁弯筋弯折随意

11. 梁顶横向波纹管弯扭(如图 3.13 所示)

图 3.13 梁顶横向波纹管弯扭

波纹管定位缺少完善的作业指导书,竖向预应力筋定位时事先没有躲过横向波纹管的位置,造成横向波纹管与竖向预应力筋交叉碰撞,导致横向波纹管扭曲变形,满足不了设计要求。

12. 现浇梁顶面混凝土无碎石(如图 3.14 所示)

梁体混凝土坍落度控制不好,振捣不规范,无预防措施和应急方案,造成梁顶 8 cm 范围出现纯水泥砂浆。

图 3.14　梁顶面无碎石

13. 预制梁波纹管安装随意(如图 3.15 所示)

图 3.15　梁体波纹管设置随意

钢筋胎具架子上设置有波纹管位置定位钢筋,但施工人员安装时却随意操作,造成波纹管位置不准,方向不顺。

14. 沙子不过磅(如图 3.16 所示)

防护工程使用的砂浆是重量比,应盘盘过磅,操作人员用铁锹和簸箕随意拌和,造成比例失控,质量难以保证。

图 3.16　沙子不过磅

15. 水沟钢筋无垫层(如图 3.17 所示)

图 3.17　水沟钢筋无垫层

施工人员在回填的虚土上绑扎钢筋,且无垫块;混凝土无法有效振捣,质量难以保证。

16. 墩身外观差(如图 3.18 所示)

墩身施工时模板接缝不标准,混凝土搅拌不好,颜色不均匀,拉筋眼处理随意,修补不规范。

图 3.18 墩身外观差

17. 混凝土原材料未经检验就卸车(如图 3.19 所示)

图 3.19 未经检验就卸车

沙场拉过来的自然沙子,未经试验人员检验直接卸到合格品存放棚里,施工管理不到位。

18. 预制梁梁端封锚混乱(如图 3.20 所示)

梁端封锚前应将锚穴混凝土凿毛,清扫干净并浸水湿润,现场却随意施工,无人员监管,施工管理不到位。

图 3.20 预制梁封锚未清除杂物

19. 遮檐板钢筋下料不够(如图 3.21 所示)

图 3.21 遮檐板钢筋下料不够

遮檐板钢筋保护层明显偏大,说明钢筋尺寸小,主要原因就是施工人员偷工减料,施工管理不到位。

20. 支座上杂物未清(如图 3.22 所示)

连续梁混凝土浇筑前无人检查箱梁内杂物清理情况,造成支座上方有 2 cm 以上的锯末等杂物,且底板钢筋下面无混凝土,凸显零散的碎石。管理不到位。

图 3.22　支座上杂物未清

21. 桩顶破除施工野蛮(如图 3.23 所示)

图 3.23　桩顶破除野蛮

桩顶混凝土凿处随意,深入承台的桩身混凝土和钢筋损坏严重,管理不到位。

22. 桩灌注高度不够(如图 3.24 所示)

图 3.24 桩灌注不够

第十节 质量管理总结

随着国家大规模的基建投入,大型施工单位承接任务繁重,在一定程度上削弱了现场管理力量,技术人员的数量和素质无法满足工程的需要,这种严峻的形势促使现场管理人员要自力更生,不浮不躁,自觉抵制社会上的不良风气,加强学习各类知识,提高管理水平和技术水平,确保工程质量安全和进度平稳发展。下面将我当项目经理时写给技术人员和全体员工的"谨记"附后,希望与各位同仁共勉。

工程技术人员,无论从事什么专业,均需"谨记":

"测量放线、技术措施、施工组织、试验检验和成本预算" 这是使技术人员大有作为的五个基本功!

无论任何人,无论干任何工作,工作前均需"谨记":

"工作范围、质量标准、完成时间、方法步骤、成本控制" 这是管理水平逐步提高的保证!

第四章　成 本 管 理

第一节　成 本 概 述

所谓成本，就是为达到某种目的而消耗的各种资源，同安全、质量一样，与生活、工作息息相关，我们的一切活动，不管是有意识的还是无意识的，都随时随地的产生成本，包括物质的和精神的。不同的专业，成本又有不同的诠释，如成本是生产某一产品所耗费的全部费用；成本是为了过程增值和结果有效，已付出或应付出的资源代价，包括人力资源、物力资源、财力资源和信息资源；成本是为了达到某一特定目的而耗用或放弃的资源。

成本管理就是以经济效益为中心，对成本进行预测、决策、计划、控制、核算和分析的全过程管理。现代成本管理的内容不仅仅是孤立地降低成本，而是立足于整体的战略目标及企业外部环境，并从成本与效益的对比中寻求成本最小化。

成本控制是成本管理的重要组成部分，是企业根据一定时期预先建立的成本管理目标，由成本控制主体在其职权范围内，在生产耗费发生以前和成本控制过程中，对各种影响成本的因素和条件采取的一系列预防和调节措施，以保证成本管理目标实现的管理行为。成本的预测、决策和计划为成本控制提供了依据，而成本的控制既要保证成本目标的实现，同时还要渗透到成本预测、决策和计划之中。成本控制的过程是运用系统工程的原理对企业在生产经营过程中发生的各种耗费进行计算、调节和监督的过程，同时也是一个发现薄弱环节，挖掘内部潜力，寻找一切可能降低成本途径的过程。科学地组织实施成本控制，可以促进企业改善经营管理，转变经营机制，全面提高企业素质，使企业在市场竞争的环境下生存、发展和壮大。

第二节　成本管理原则

1．项目成本管理的原则

建筑企业的项目成本管理是在保证满足工程质量、工期等合同要求的前提下，对项目实施过程中所发生的费用，通过计划、组织、控制和协调等活动实现预定的成本目标，并尽可能地降低成本费用的一种科学的管理活动，它主要通过组织体系、管理制度、技术措施和经济措施等活动达到预定目标，实现盈利的目的。项目成本管理体现了施工项目的本质特征，是项目管理的核心内容，同时也是衡量管理绩效的客观标尺。

项目成本控制是项目成本管理的核心，是指在项目成本形成前和形成过程中，对生产经营所消耗的各种资源进行指导、监督、调节和限制，及时纠正将要发生和已经发生的偏差，把各项费用控制在计划成本的范围内。通过预测、实施、核算、分析和考核等手段，来加强管理工作，提高管理水平，增加项目的经济效益，同时培训各类专业管理人才。

建筑企业在项目成本管理中应遵循以下原则。

诚信第一的原则。

预先控制和过程控制的原则。

成本和效益辩证关系的原则。

具体问题具体分析的原则。

领导重视和责权利分明的原则。

全员、全面、全程参与的原则。

2. 项目部进行成本控制的一般程序

(1)建立组织机构，制定各项管理制度

企业应建立以项目经理为第一责任人的项目管理层作为成本控制的中心，成立由技术、物资、合同、财务等相关部门领导组织的成本管理小组。主要负责项目部成本的管理、指导和考核，进行项目成本分析、制定成本目标及其实现的途径与对策，同时制定成本控制的管理办法及奖惩办法。

(2)健全成本控制体系，责任到人

在项目部建立以项目经理为中心的成本控制体系，量化到人；按照岗位和作用层进行成本目标的分解，明确各管理人员和作业层的成本责任、权限及相互关系；实施有效的激励措施和惩戒措施，使责任人积极有效地承担成本控制的责任和风险。

(3)优化施工组织设计，加强技术质量管理

施工组织设计要根据工程的特点和施工条件等，考虑工期与成本的

辩证关系，合理布置施工现场，正确选择施工方案，采取经济合理的施工方法和施工工艺，降低施工成本，加快工程进度；在施工中要随时收集实际发生的成本数据和实际施工进度，掌握市场信息，及时提出改进或变更施工组织的意见。要加强施工过程中的技术和质量管理，提高工作效率和工程质量，减少返工损失。

(4)采取有效措施，降低各项费用

要采取各种有利于成本控制的承包模式，引入竞争机制，根据内部定额合理确定承包内容和单价，有效控制材料费、人工费和机械费的支出。

(5)严格控制间接费，认真执行审批制度

要改变工作作风，适应现代化的管理模式，根据工程进度，精简机构，合理确定管理层次，制定各部门开支的费用指标，对各项费用支出实行相应的审批。

(6)加强合同管理和索赔工作

合同管理和索赔工作是降低工程成本、提高经济效益的有效途径；项目管理人员应认真收集并保存施工中与合同有关的一切资料，及时办理各项手续，确保工程费用的合理收支。

第三节　成本管理程序和方法

在项目中标后，项目经理应根据中标合同价和企业管理水平、项目实际情况，立即负责组织成立成本控制管理机构，详细制定成本控制目标。项目部、计财部要根据成本目标，按月、季、年度对项目实际成本进行综合检查与考核，分阶段兑现合同约定，在项目竣工以后，再进行末次兑现，确保成本控制目标地实现。

一、成本控制目标

在确保安全、质量、工期的前提下，力争成本最小化。项目部应根据招投标文件、经优化的实施性施工组织设计及工艺设计方案、企业施工定额、集团公司及所属各单位关于岗薪标准、间接费用开支、固定资产折旧、周转材料摊销标准和有关规定测算施工目标成本，这些是项目的成本控制目标。

二、成本控制管理机构

1. 设置由项目经理任组长，总工程师任副组长，计财部门、安全质量环保、工程、物资设备负责人参加的工程项目成本管理领导小组。

2. 项目部计财部门是工程项目成本的主管部门，逐级负责工程项目成本管理的组织、协调、检查、指导、考核及业务培训工作。

三、工程项目成本管理依据

1. 工程项目成本管理原则：实事求是、科学、准确、经济、合理、可行。

2. 工程项目成本管理依据：招投标文件、经优化的实施性施工组织设计及工艺设计方案、工程项目发包原则、企业施工定额或经验定额、现场实际测算分析定额、各种现行适用定额、集团公司及所属各单位关于岗薪标准、间接费用开支、固定资产折旧、周转材料摊销标准和有关规定等。

3. 工程项目成本预测的方法。应视工程项目所应具备条件、发包原则、开工时间等具体情况确定。应以尽快满足开展评估、尽快组织上场施工、实现控制成本起到效果为原则。具体方法包括预算编制法、成本费用法、目标成本预测法、量本利分析法。预算编制法为主要方法。

四、工程项目成本管理的基本内容

1. 分析项目的主要特点、难易程度、技术含量及影响工期、质量、效益、安全等客观因素，找出重大控制因素。

2. 编制优化的实施性施工组织设计，使其更具有实际操作性、可行性和经济合理性。

3. 在编制优化的实施性施工组织设计的基础上，按照调查资料编制实施性施工成本预算，确定临时工程和各单位工程的各项成本和收益目标。

4. 审查分析中标价的合理性、合同的有效性和履约的可能性，找出履行合同的不利因素和索赔的途径。

5. 审查分析工程项目对内、外发包的可行性、适应性，提出对内、外发包的原则、办法和实施“三项招标”的基本要求。

6. 提出控制成本，提高效益的建议。

五、工程项目成本管理的程序及要求

1. 审阅招投标文件。主要包括三个方面的内容，一是业主发出的所有招标文件及图纸、规范、中标通知书；二是合同、协议；三是投标书和投标报价的基础资料，重点掌握工程概况及业主的要求条件，拟采用的施工方案及劳、材、机用量，为进行现场和市场调查做好准备。

2. 进行施工现场和市场调查。重点要调查掌握当地水文、地质、气象资料及施工现场的地形地貌、水电、通信、交通道路、土地租用、取弃土场情况、大小临时工程位置及规模，当地民宅、地材、劳务、生产设备等可利用条件、价格等情况。调查结果要认真填写调查记录，经有关会议审核后，作为编制施工成本预算的基本依据。

3. 研究确定编制实施性施工组织设计方案和成本预算方案的原则。在审阅招投标文件和进行现场和市场调查的基础上，根据工程项目特点、业主要求、内外部队伍的施工能力等，确定资源配备和经济、合理、可行的实施性施工组织设计方案。

4. 优化施工组织设计和进行工艺设计。施工组织设计要结合现场调查、工期、任务划分、实际采用的施工方法、实际需要投入的劳动力及机械设备，充分考虑每个施工队伍承担多项工程的施工组织方式、施工顺序、机械设备、周转材料的倒用等因素。分项单个编制施工组织设计和工艺设计，并编制劳、材、机工程量计划，最后汇总各种数量。

5. 编制施工成本预算。预算的编制主要依据分项单个施工组织设计，工艺设计和劳、材、机工程量，现场和市场调查所提供的基础资料以及有关规定，分项单个编制施工成本预算并汇总。

六、成本的检查与考核

1. 项目部的计财部要按月、季、年度对项目进行综合考核，分阶段兑现合同约定，在项目竣工以后，再进行末次兑现，做出评价结论。对所管辖的工程项目进行责任目标完成情况考核时，对于超(欠)交的部分，可根据各单位的实际情况自行制定奖罚标准。

2. 在考核兑现中，要以计量、验收的工程数量和质量情况及业绩报告为依据，对责任中心的责任成果进行考核，评价和兑现奖罚。每个项目部都要按照规范的要求，制定科学合理的责任考核方法。

3. 对责任预算执行情况的考核，应在责任中心编制的责任报告基础上，对项目责任预算完成情况进行分析，总结成功经验，揭示存在的不足，提出改进意见。

4. 对责任中心的责任成果进行考核、评价后，上一责任层要根据责任预算承包合同的有关规定，给下一责任层兑现奖罚。

5. 根据责任合同和内部承包合同，按照责、权、利相当，以及按劳分配的原则，企业对项目部按年度兑现经济利益，项目部对工程队按月兑现按照完成工作量计算的劳动报酬，按季度或年度兑现其他经济利益，不能以各种理由予以拒绝或推迟兑现。

第四节　工程成本的预测和策划

工程成本的预测严格地讲在投标前就应该完成，但受招投标办法和时间上的限制，往往造成施工单位在投标时的成本预测过于粗放，甚至流于形式。中标后公司对项目部的考核指标难以有效确定，多按以往相关数据制定考核指标，而项目部则常以特殊性考虑成本支出，而解决这一对矛盾，则需要双方拿出充分的数据并多次认真研究协商方能完成。但由于一些问题的复杂性和管理人员的水平限制，工程成本个别细目的预测有时也很难说清楚。在这里要谈的是工程已中标，且公司的考核指标也已确定的情况下，项目部如何减亏创收，如何实现利润最大化。

每个人的家庭都是一个最小的社会单元，每个家庭的收入是相对稳定的，而各种花费支出则是千变万化。但是多少年来，没有文化的家庭主妇们却能保持着全家的收支平衡，甚至结余，靠的是对家庭的无限热爱，靠的是绞尽脑汁地精打细算，这是项目经理们首先应该学习的，这种先有收入再控制支出的方法即是逆向思维法。

一、逆向思维法定义

逆向思维法是指为实现某一创新或解决某一因常规思路难以解决的问题，而采取反向思维寻求解决问题的方法。

二、逆向思维法三大类型

1. 反转型逆向思维法

这种方法是指从已知事物的相反方向进行思考，产生发明构思的途径。“事物的相反方向”常常从事物的功能、结构、因果关系等三个方面作反向思维。比如，市场上出售的无烟煎鱼锅就是把原有煎鱼锅的热源由锅的下面安装到锅的上面。这是利用逆向思维，对结构进行反转型思考的产物。

2. 转换型逆向思维法

这是指在研究问题时，由于解决这一问题的手段受阻，而转换成另一种手段或转换思考角度，以使问题顺利解决的思维方法。如历史上被传为佳话的司马光砸缸救落水儿童的故事，实质上就是一个用转换型逆向思维法的例子。由于司马光不能通过爬进缸中救人的手段解决问题，因而他就转换为另一手段，破缸救人，进而顺利地解决了问题。

3. 缺点逆用思维法

这是一种利用事物的缺点，将缺点变为可利用的东西，化被动为主动，化不利为有利的思维发明方法。这种方法并不以克服事物的缺点为目的，相反，它是将缺点化弊为利，找到解决方法。例如，金属腐蚀是一种坏事，但人们利用金属腐蚀原理进行金属粉末的生产，或用于电镀等其他用途，无疑是缺点逆用思维法的一种应用。

三、逆向思维法特点

1. 普遍性

逆向性思维在各种领域、各种活动中都有适用性，由于对立统一规律是普遍适用的，而对立统一的形式又是多种多样的，有一种对立统一的形式，相应地就有一种逆向思维的角度，所以，逆向思维也有无限多种形式。不论哪种方式，只要从一个方面想到与之对立的另一方面，都是逆向思维。

2. 批判性

逆向是与正向比较而言的，正向是指常规的、常识的、公认的或习惯的想法与做法。逆向思维则恰恰相反，是对传统、惯例、常识的反叛，是对常规的挑战。它能够克服思维定式，破除由经验和习惯造成的僵化的认识模式。

3. 新颖性

循规蹈矩的思维和按传统方式解决问题虽然简单，但容易使思路僵化、刻板，摆脱不掉习惯的束缚，得到的往往是一些司空见惯的答案。其实，任何事物都具有多方面属性。由于受过去经验的影响，人们容易看到熟悉的一面，而对另一面却视而不见。逆向思维能克服这一障碍，往往是出人意料，给人以耳目一新的感觉。

四、逆向思维法应用原则

1. 必须深刻认识事物的本质，所谓逆向不是简单的表面的逆向，不是别人说东，我偏说西，而是真正从逆向中做出独到的、科学的、令人耳目一新的超出正向效果的成果。

2. 坚持思维方法的辩证方法统一：正向和逆向本身就是对立统一，不可截然分开的，所以以正向思维为参照、为坐标，进行分辨，才能显示其突破性。

五、逆向思维法应用方法

1. 逆向思维在很多领域都有广泛的应用。企业要开发一个新产品，首先就是要调查同类产品的市场需求、适用人群、优缺点和价格等，在综合了新产品的新颖性、前沿性和服务对象等因素后，初步确定有竞争力的价格范围，然后通过反复研讨将新产品的成本组成一一分解，制定出科研、立项、设计、原材料、加工、制造、存储、运输、销售、广告和售后服务等环节的各个成本，这些环节的各个成本管理部门则要克服一些习惯做法，要思维创新、管理创新、技术创新，变压力为动力，绞尽脑汁采取各种方法满足成本要求。

2. 应用逆向思维法进行成本控制时，须注意的是成本控制过程需多次循环才能趋于完善，要根据需要把各个环节的成本分解出各个小环节成本，而各个小环节成本又能继续分解出各个更小的小环节成本，直至满足要求。随着社会的发展这种分解会而不断地延伸。

六、工程项目成本的预测

项目部首先要对现场进行充分的调查，并对招投标文件（含图纸）进行仔细研究分析，在公司与项目部签订责任目标的基础上，将可控成本预算进行详细分解，包括大小临、管理费、税费及各分项工程等可能验工收入。根据各项分包项目的市场行情、工期、冬雨季施工、地方关系和材料价格波动等情况，对各项费用进行比较分析，找出各个阶段可能发生的盈亏原因、性质和大小，及早采取措施。

七、工程项目成本的策划

项目部要根据成本的预测认真进行成本控制的策划工作，要把压力变成动力，激流勇进，决不言败。不仅要在亏损的项目找出盈利的突破点，还要在盈利的项目找出更加盈利的突破点，更要在各个项目上找出变更索赔的突破点，有条件要找到突破点，没有条件创造条件也要找到突破点。要在思维创新、管理创新、技术创新上下工夫。

八、工程项目成本预测和策划工作的基本要求

1. 预测和策划是一个动态管理过程，其贯穿于工程管理的全过程。公司和项目部要根据工程进展和环境的变化，不断更新思路，开阔视野，要积极学习兄弟单位的先进经验，多多听取不同阶层不同人士的意见和建议，不可自以为是，盲目自大。

2. 项目部要自我加压，并把忧患意识灌输到全体管理人员和施工协作单位中去，同甘苦，共命运。要充分发挥各级管理人员和施工人员的主观能动性，须知“群众的智慧是无穷的”；要采取各种形式的奖罚办法，激发全体人员的创新灵感，在项目部里形成一种奋发向上、激流勇进的良好氛围。

3. 项目部要积极主动地保持好同建设、设计、监理及国家相关管理部门的友好关系，灵活机动的处理有关工程成本的各类问题，超前设想，超前策划，超前行动。

4. 项目部要积极应对相关个人和地方势力对工程施工的干预。项目部要坚持以成本控制为核心的决心，坚持工程管理中的主导地位，利用“博弈论”理论灵活机动地平衡各种关系，争取更大效益。要采取各种方法保证工程项目的顺利进展，主动防御“霸权主义”者对工程项目的控制。须知：邪不压正！只要我们自己站的正、站的稳，只要我们坚定信念不动

摇，只要我们不懈努力，没有解决不了问题。

九、工作中的实践和思考

1. 某高速公路片石护坡的分包单价问题。原中标价是每立方米片石单价 120 元，但由于材料等涨价，作业队要价 160 元；将定额中的工料机等细目用量乘以市场价格，得出 150 元；然后让几家队伍进行了竞标，最终另一个作业队以 130 元中标，并将工程顺利干完。究其原因，其一，作业队有片石施工经验，工序安排紧凑，大工和小工配比合理，且小工来自不发达地区，工费低；其二，作业队与监理沟通后用机制砂代替河沙，用卵石代替碎石作渗水层；其三，作业队负责人亲自上山找适用的片石开采场，并按图纸数量同石料场计价。

2. 某人行天桥的箱梁预制。箱梁设计为低高度钢筋混凝土空心梁，且梁两端各有 1.5 m 的实心段；原施工方案是采用木模作内模，在梁顶某个位置留缺口用作拆模板的进出口。木模加工费工费料，拆卸更是麻烦，为此集思广益，在工地附近的几家泡沫厂中选中一家加工硬泡沫制品作为内模，取得了较好的经济效益。

3. 某高速公路箱梁制作。箱梁为变截面空心花篮梁，施工麻烦，再加上钢模板加工厂家的技术问题，内模拆卸特别困难；制作单价作业队报价 8 500 元/片，且一片箱梁的施工循环要 10 天，远远超过了可控成本分析价和控制工期的要求。项目部一方面积极配合模板生产厂家修改模板，另一方面同作业队主要骨干一起研究模板拼拆的要点和难点，调整作业程序；最终 4 天完成一片箱梁的施工循环，综合单价为 5 200 元/片。取得了较好的效果。

4. 某铁路客运专线的桩基施工。通过招标，桩基钻孔施工包给了三家作业队，签订了综合单价协议，工程量为总量的 1/5；随着工程的进展，进来的作业队越来越多，且通过调研发现钻井队的综合单价还有下降的空间；项目部随即研究确定新开工点的钻井综合单价下调 5%，并签订了新的协议；获得了较好的经济效益。

5. 施工设备的租赁。现场施工中需要大量的设备，其中相当一部分是外租设备，而设备的租赁税率达 8%以上；公司应探讨将其他单位和个人的设备由公司租赁站统一管理，减少不必要的支出。

6. 沙石料的购进。现场大量的沙石料是通过中间商来供货的，供货商除了通过以次充好等手段外，就是利用现金购买来获取利润。项目部如用现金购买，价格可降10%以上。这需要考虑资金的占用费支出，并要有公司政策的支持。

7. 钢材水泥的购进。市场价是有一定的起伏规律的，如在最低价时购进，则有相当一部分的利润空间，这也需要考虑资金的占用费支出和公司政策的支持。

8. 协作单位的管理。主要是承包办法和结算办法，项目部要做深入细致的管理工作，同时也需要公司政策上的支持。减少不必要的费用支出。

9. 土石方施工。现场土石方施工中应考虑土石方的开采利用，取土场和弃土场能否变更位置减少成本，路基填料能否变更、配比能否调整，路基处理方案是否优化等，都需要项目部做深入细致的调研和协调工作。

第五节　现阶段工程项目成本管理中存在的主要问题

1. 国家相关部委的定额管理单位

定额是在合理的劳动组织和合理地使用材料及机械的条件下，预先规定完成单位合格产品消耗的资源数量的标准，它反映一定时期的社会生产力水平的高低。工程定额种类繁多，根据其性质、内容、形式和用途的不同，可分为4大类，一是按管理层次分为，全国统一定额、专业通用定额、地方定额和企业定额；二是按用途分为，工期定额、施工定额、预算定额、概算定额、投资估算指标等；三是按物质内容分为，劳动定额、材料消耗量定额和机械台班定额；四是按费用性质分为，建筑工程定额、安装工程定额、其他费用定额、间接费用定额等。

在我国加入关贸总协定后，国际间的经济关系更加复杂化，世界的经济状况对我国的经济影响也越来越大。国内不成熟的市场经济也在波折中发展，再加上新材料、新技术的应用和发展，市场经济“日新月异”，但一些定额管理单位的定额管理办法却是多年不变，调整文件也严重滞后，甚至是“犹抱琵琶半遮面”，难以适应市场经济的发展。

2. 工程项目的可行性研究单位

可行性研究报告主要是对项目实施的可能性、有效性、如何实施、相关技术方案及财务效果进行具体、深入、细致的技术论证和经济评价，以求确定一个在技术上合理、经济上合算的最优方案和最佳时机的书面报告。但由于可行性研究单位经验不足，调查研究不细致，考虑问题不全面，可行性研究报告漏洞较多，造成以后工程建设中的诸多被动。

3. 工程项目的设计单位

设计人员缺乏现场经验、工作不细致、现场调查随意；图纸设计质量较差、设计方案不符合实际、项目漏列、套用定额不适合等；造成概算及招标文件的编制不准确，给下一步的招投标工作埋下了隐患。

4. 工程项目的建设单位

主管人员对设计过分依赖，没有认真组织专家对施工图纸和概预算进行详细的审查，没有组织专家对现场进行详细的调查研究，招标文件编制不合理，再加上体制上的问题，造成合同条款问题较多。

5. 工程项目的监理单位

监理人员素质参差不齐，工作不主动，业务不精通，学习不钻研，发现不了图纸问题、施工组织问题和施工方案问题，不能提前控制可能发生的问题，造成资源的浪费和工期的拖延。

6. 工程项目的施工单位

(1)投标时现场调查不全面、不细致，标书编制水平低，甚至为中标而盲目投标。投标报价时没有考虑施工组织设计、没有进行不同技术方案的经济评估、没有考虑施工方案的可行性，项目成本管理失去了技术支撑；在制定项目报价时，都是依据国家颁布的定额和各种取费系数来计算，但是企业内部定额如何、市场行情如何、各种取费系数和价格是否准确、是否需要调整等，却无定量的分析研究。

(2)中标后企业内部合同评审走过场。项目部没有提前进行细致的现场调查及实施性施工组织的编制，没有进行报价的综合分析，经营指标实属“雾里看花”。

(3)项目经理任用不适合，内部管理体制不善。制度不健全、管理不到位、问题不落实、责任不到人，各项控制不力，各类问题层出不穷。

(4)企业定额管理和内部定额管理缺少系统化管理。企业缺少相应的调查研究机构，制定的综合单价缺少详细的工、料、机等费用组合，难以适应工费、料费、地质、工期等因素的变化和施工材料、施工方法的变化以及地区间的差异，造成项目部分包单价时困难，甚至无所适用；而企业管理权限又不完善，直接影响到工程进展，进而可能造成更大的成本支出。

(5)重限制，轻指导。企业对项目部的监控制度不完善，只是重在控制项目部的权利，而缺乏对项目部成本管理的详细分析和有效指导，造成成本失控。

第六节　加强项目成本管理的重要途径

1. 重视项目经理的选拔和任用

项目经理在成本管理中具有决定性的作用，对企业今后的发展至关重要，要充分发扬民主，集思广益，实事求是地评价候选人的优缺点，根据工程的特点和业主的要求，选派经验丰富、作风正派、敢于管理的合格项目经理。

2. 健全完善企业各项管理制度，明确项目经理和各业务部门的责权利

企业的各项监控制度不能以限制项目经理的权力为出发点，不能不论价值多少、原因如何，项目经理都要事事汇报。要具体问题具体分析，要根据工程的种类、工期、价值和工程的地理位置合理地确定项目经理的责权利。要加强企业各业务部门的培训与考核，要与兄弟单位建立成本管理方面的交流研究平台，切实提高管理能力，为指导项目部的成本管理打下坚实的基础。

3. 加强项目的过程监控，提供指导服务

企业主要领导每季度应组织对项目部进行至少一次的经济活动分析，必要时外聘专家参加；要结合项目部的月度分析和季度分析，详细地查找项目成本管理中出现的问题，提出解决问题的办法，并编制详细的成本分析报告；坚决杜绝“秋后算账”的管理模式，确保项目成本有序可控。

4. 项目经理要饮水思源，诚信守法

项目经理要珍惜领导的信任和同事们的支持，感谢他们给了自己一个施展人生才华的大舞台，用感恩的心正确处理个人利益与企业利益的

关系；用诚信的心正确处理当今社会复杂的人际关系；只有做到清正廉洁、洁身自爱，才能"无欲则刚"，才能公平公正地去处理错综复杂的各类问题，才能保证工程项目的利益最大化，从而保证了项目经理的个人利益，并健康持续地发展。

5. 项目部要组建精干、高效的管理层

项目经理提出的人选，一定要深思熟虑，多听不同意见，要根据各人的优缺点，合理使用，不要求全责备。要建立健全项目部成本控制保证体系，明确管理人员的责权利，认真落实奖罚办法。要走出去学习别的单位好的技术和管理方法，要请有丰富技术经验和管理经验的专家进行现场讲课，指导成本管理工作。

6. 提前介入，认真评审

一是项目经理要提前介入工程的招投标工作中，勘察施工现场、了解设计意图、参透招标文件，提出答疑问题。二是项目部管理人员要认真学习招标文件和投标书，并参加合同评审。吃透标书的编制情况，明白变更的条件；切实弄懂中标价中各费用的组成、主要工程量、现场情况、开工竣工时间、工程施工的难易程度等。三是根据现场实际，写出现场调查报告，制定科学的施工方案和有效的施工方法。四是组织项目部人员编写可控成本报告，确定盈亏指标。

7. 加强多方沟通，增进相互理解

加强与建设、设计、监理、地方、媒体和上级主管部门经常性的沟通交流，增进感情和友谊，创造一个良好的外部环境。及时反映施工遇到的困难及克服困难、勇于拼搏的精神，取得理解和支持；增加变更索赔的力度，采取有力措施减少不当支出。抓大放小，灵活处理各种关系。

8. 正确处理安全、质量和成本的辩证关系

安全和质量是工程建设中第一位的要素，是企业发展的基石，是企业获取长期利益根本保证，来不得半点的马虎，不要存在侥幸心理。但在安全质量管理的具体实施方案中，要结合现场实际，因地制宜，注重实效，反对铺张浪费；要与时俱进，采用先进的科技手段加强现场安全质量的管理工作。

9. 正确处理进度和成本的辩证关系

首先是诚信第一，为保证总工期的实现或总成本的减少，往往需要加

大控制工程的投资，这种丢卒保帅的方法，不仅是必须的，而且是常用的。在困难重重、变化多样的条件下完成业主的工期目标，既是施工单位综合管理能力的具体体现，又是企业开拓发展的信誉保证。其次在工程管理中，通过优化施工组织、施工方案和其他措施，抓大放小，加快施工进度，取得的直接效益和间接效益也是非常明显的，甚至是巨大的。

10. 采取铁腕手段，降低各项费用

社会不是真空的，各种各样的人际关系说也说不清楚，来自各方的压力和诱惑常常搞得项目经理身心疲惫、头晕目眩。怎么才能妥善处理这些关系呢？这就要采取“公平竞争”方法，择优选用各种资源。一是企业应有详细的成本管理制度，明确各类资源的管理办法和使用办法。办法要有利于项目部的工作，有利于加快施工进度，有利于成本的控制。二是企业应利用网络技术，全面、系统地将各个工程项目的（包括兄弟单位的）各类资源单价公布于内部网上，注明使用环境和条件等详细情况，以便对比学习，找出差距，逐渐提高项目的管理水平。三是项目部应根据工程特点、公司的规定和市场行情确定资源的内容和标的，采用多种形式的招标办法，择优选用各种资源。但要切实防止垄断和法律纠纷，注意以下五点，第一，各种资源的选用要尽量在两家及以上；第二，各种资源要专业招标；第三，各种资源的细目和单价一定要分解清楚，并在协议中体现出来；第四，资源的清退条件和单价的变更条件要在协议中明确；第五，纠纷裁决机构要选用企业所在地机构。四是项目部应设专职劳资员。其一是负责作业队的招标，签订各类用工协议，并每月进行结算；其二是负责员工的劳动保护工作和教育培训工作；其三是调查研究各作业队的内部管理情况和成本支出情况，为项目部现场管理和今后的成本管理提供翔实资料。五是项目部应设专职材料员。其一是负责材料和租用设备的招标，签订各类采购、租用协议，并每月进行结算；其二是负责材料、租用设备的日常使用和管理；其三是调查研究各类材料和租用设备的单价组成，资源所有者的成本管理情况，为项目部现场管理和今后的成本管理提供翔实资料。六是项目部在各类资源管理中，一定要“包”字当头。将一些难以管理或管理繁琐的项目成本“打包出去”，将经营风险分摊到协作队伍里，充分调动协作队伍的积极性和创造性；一切以有利于成本控制为出发点，加强现场的科学管理工作。这里需要注意的是对各类资源的管理，特别是对协作队伍的管理，一定要本着公平、公正的原则，灵活机动地处理各种问题，抓大放小，和谐发展。

11. 搞好财务管理工作，严格控制各项支出

项目部要认真学习各项财务管理制度，请专家分析研究项目部的财务管理特点，制定项目部的财务管理制度和卡控要点；尤其要注意汽车和招待费的费用支出，合理利用资金；将各项风险分摊到各个协作单位里；认真执行财务审核制度和一支笔制度，严格控制间接费的支出。

12. 严格控制大、小临工程和周转材料的费用支出

随着高铁的大规模建设和社会的发展，大、小临工程和周转材料的标准越来越高，大、小临工程和周转材料占整个项目成本的比例也越来越大，这是一笔很大的费用；对业主和监理的一些过分要求，项目部一定要保持清醒的头脑，不能盲目听从；要根据工期、安全、质量等要求，依照前瞻性、适用性，经济性、美观性、通用性原则，经过方案比对、综合论证、专家评审等程序，精心设计每一参数，合理安排施工顺序。

13. 高度重视施工组织设计，优化各种施工资源的分配

施工组织设计是用来指导施工项目全过程各项活动的技术、经济和组织的纲领性、综合性文件，是施工技术与施工项目管理有机结合的产物，它是工程开工后施工活动能有序、高效、科学合理地进行的保证，施工组织设计一般包括五项基本内容，施工组织管理体系和各项管理制度以及各项保证措施；施工方案与相应的技术组织措施；施工进度计划；施工现场平面布置图；有关劳力、机具、材料、水电及运输、保管等各种资源的需要量及其供应与解决办法。施工组织设计是项目管理能力的具体体现，是成本控制的关键环节，是项目部一切活动的指南，项目经理为施工组织设计编制、管理的第一责任人。

项目部要充分发挥技术人员的主导作用，集思广益、群策群力，以全方位的信息资源为保障，集全体人员的智慧于一体，编制高水平的施工组织设计；要动态管理，鼓励创新，积极推行技术革新，不断学习借鉴兄弟单位的科技成果，并适时补充和调整。施工方案要因地制宜，土洋结合，注重实效。

14. 要定期召开成本分析会，并聘用专家指导，确保会议质量

施工项目的成本分析会是施工管理的重要步骤和主要内容，它是借

助一定的方法和手段，通过对项目的收、支形成过程中各个阶段和各个要素的组成进行分析研究，以寻求项目成本的有效降低手段和方法的过程。

成本分析会就是充分利用项目部一系列已有的统计资料，将合同预算、施工管理、计划成本与项目的实际成本进行比较，了解成本的变动情况，按照一定的科学方法，分析项目盈亏的原因；同时制定相应的对策，寻求增加项目收入和降低项目支出的有效途径；进而强化管理手段，完善成本管理办法。成本分析会应遵循的原则：一是实事求是的原则；二是定量分析的原则；三是及时性的原则；四是权责发生制的原则；五是重要性的原则；六是为施工生产管理服务的原则。

企业应制定规范的、严格的成本分析会制度，明确企业和项目部进行成本分析的程序、时间和要求。成本分析会的准备工作应由负责验工计价的技术负责人牵头，会同各业务部门详细核对各项收支。企业主管负责人和项目经理必须主持会议。

15. 切实抓好二次经营工作，确保项目的合理收入

所谓二次经营，就是企业在一次经营（投标与签约）的基础上，在项目施工和竣工阶段所进行的经营活动，通过项目的实施提高合同的履约质量和项目的经济效益，并为今后的项目承接创造条件。在当今激烈的市场竞争中，企业往往会通过低价中标来获取市场份额，盈利空间很小，再加上市场经济的波动，稍有不慎就会“鸡飞蛋打”，甚至给企业造成灾难性的后果。从某种意义上来讲，在一些市场领域，二次经营的成败关系到企业的生死存亡，一定要引起高度重视。要切实做好以下工作。

第一，项目部要尽早介入招投标的前期工作；有可能的话在可研阶段就介入，要跟踪设计，不断反馈信息，完善设计概算。

第二，项目部要组织专家研究招标文件，熟知建设单位的内部管理规定和惯例，推敲专用合同条款；做好招标答疑工作，讲究策略，适时增加合同备注条款。

第三，项目部要组织管理层多次研读合同条款，并适时聘请专家讲解，集体识别并找准二次经营的切入点，抓住关键点，瞄准着力点，选好结合点。

第四，项目部要根据以上制定出二次经营实施细则，明确目标、步骤、措施和责任人等，并根据工程的进展和环境的变化及时补充完善。每月

至少要召开一次二次经营研讨会，检查落实上次会议要求，根据环境实际安排下一步工作。

第五，项目部要认真做好资料搜集整理工作。要制定内部管理文件对资料的管理进行规范，要广泛搜集原始数据和各项记录，要保证音像资料的完整齐全；要明确资料的准备、填写、签认、搜集、交接、保管、使用等工作的具体程序和责任人。

16. 认真研究国家政策，合理避费

聘用专家进行相关法律、法规等方面的授课，带着问题去学习研究。要不断学习兄弟单位的有益经验，保持和当地税费征收部门的融洽关系，避免财务税费的不合理支出，确保工程的正当收益。

总之，项目成本管理工作是一项复杂的、艰难的综合性管理工作；项目经理不仅要有丰富的实践经验和娴熟的管理技巧，还要有高度的责任心和使命感。为什么一些施工队的承包人文化程度不高，但他们承接的工程却很少亏损，而有的项目经理和主要管理人员基本上都是大中专毕业生，受过良好的综合教育，却在成本管理上经常“摔跟头”，这主要是“责、权、利”的分配极不相称。这固然有体制上的原因，但缺乏责任心却是一大“病症”；企业要积极研究成本管理中的深层次问题，学习兄弟单位的先进经验，不要怨天尤人、无所作为；要切实改善体制中的不利因素，采取多种形式的承包模式，加大考核力度，让项目经理和管理层感觉到希望，增加他们把压力变动力的信心；要辩证地认识当前的市场形势，把不利因素变有利条件，鼓励项目经理和管理层为效益最大化而破釜沉舟、背水一战的勇气，并为项目成本的各项管理工作保驾护航；从而保证企业利益和个人利益的双丰收。

第七节　案 例 分 析

1. 变更索赔工作

(1)商丘某大桥的桩基变更费用

情况：业主招标时没有提供地质报告，原图纸的地质描述与实际不符，项目部保存了钻渣和照片，并提供了钻孔记录和监理签字。

结果：业主承担了 90%的变更费用。

(2)商丘某大桥的承台变更费用

情况:承台开挖时遇到一层厚 50 cm 左右的流砂,而设计文件中均未显示;项目部做了两级轻型井点降水方案,获得业主批准;后报变更费用,也获批准。

结果:与当地水利部门联系,采用在上游打井方法降水并获得成功;花费仅占批复变更费用的 10%。

(3)焦枝线某工程顶管变更费用

情况:框架涵预制后,由于当年雨水多,地下水位超过历年,造成基坑积水,项目部根据当地情况做了排水施工方案,并及时上报设计单位和业主。

结果:增加了降水费用。

(4)郑州某市政大桥桩基变更费用

情况:由于原地质报告中的探点与桥墩桩位不一致,钻孔时发现实际地质与设计资料不符;项目部保存了钻孔记录、监理签字及现场钻渣照片,编制了变更预算上报业主;并不断地督促找相关人员确认。

结果:大桥开通两年后相关部门最后认可变更费用的 60%。

(5)郑州某高速公路特大桥变更费用

情况:由于地质报告与现场实际差别较大,项目部也同样做好了钻渣样品、钻孔记录、监理签字和相关照片等资料;由于全线各标段地质变更均较大,业主委托第三方进行逐标段的现场实际钻探检查,本段的钻探结果与项目部的地质变更报告相符。

结果:种种原因,业主至今未批复;但对其他方面的变更放宽了尺寸。

2. 加快进度控制成本

(1)焦枝线某框架涵施工加快进度

情况:跨度 16 m 的钢筋混凝土框架涵底板已预制完成,边墙和顶板模板也已支撑加固完毕,但由于资金困难,水泥不到位,无法灌注混凝土;当时已是年底,如放假回家,则到第二年 3 月无法进行线路架空顶进作业。

结果:项目部几个负责人在南阳利用私人关系借钱买了水泥,浇筑了混凝土;第二年五月底顶进结束并完成主要防护工程,六月工地发大水,无法施工;由于项目部工期抓紧,工程得以幸免。

(2)某高速公路大桥架梁加快进度

情况:业主工期提前,原施工方案需重大改变,由于公路线路呈S形,桥梁上下幅盖梁不在一条直线上,原上下幅需分别架设;为满足业主要求,项目部同时使用两台架桥机,并在桥头设两座小龙门吊进行提梁作业;最后提前完成了任务;业主又安排别的标段的部分工程给项目部,项目部也圆满完成;受到业主的高度赞誉并发专刊表扬。

结果:为完成工期所发生的费用,业主全部承担。

(3)洛阳某市政立交桥加快进度

情况:本桥为一特大桥,且跨越铁路和市政道路,下部是1.5 m的钢筋混凝土桩基,上部为先简支后连续预应力混凝土箱梁,工期仅为6个月;项目部采用两路水源和两路电源,并辅以发电机配合;但由于32 m的桩基下部是厚度18 m左右的板结卵石,强度很高;冲击钻机的施工速度上不去,每根桩完成时间平均20天,而桥台就有小桩12个。项目部为加快进度联系旋挖钻机,然而,大批旋挖钻机的负责人到现场看了地质报告,特别是看到冲击钻工作的情况后,均表示不论价格高低都不能干;后来,费尽周折,找到了一家东北某路桥公司在河南南阳刚施工下来的旋挖钻机,综合单价比冲击钻机高三分之一,整个钻孔多支出30多万元;但整个工期却得以保证,整个成本也大大降低。

结果:本桥取得了较好的效益并受到了业主的高度赞誉;项目部至今还在洛阳从事市政工程。

3. 优化施工组织减少成本

(1)某高速铁路的搅拌站减少成本

情况:原施工组织设计的搅拌站是建筑在农村的耕地上,既不经济又不安全,项目部在附近四处调查,找到了接近国道的一废弃的原公路沥青混凝土搅拌站,并有相应的设施,不存在复耕费用和配套水电等设施。

结果:既环保又节约了成本。

(2)某高速铁路的施工便道节约成本

情况:原施工组织设计的施工便道是5.5 m宽,而业主的购地红线在桥墩承台外的3.5 m处,项目部充分调查,决定施工便道采用3 m宽,并每间隔150 m设一避车带;原设计的泥结碎石路面优化为山皮土;减少了复耕费用和修建费用。

结果:既环保又节约了成本。

(3)某高速铁路的临时便桥节约成本

情况:原施工组织设计的临时便桥是近 80 m 长的钢结构组合桥;项目部调查到此河是季节性河,平常水面宽 2 m,且河的南端正在改造;而项目部使用便桥只是几个月;最后决定埋设 6 根 1 m 的钢筋混凝土涵管。

结果:节约了成本。

(4)某高速铁路的临时电力降低成本

情况:原施工组织设计沿便道附近设 12 台变压器,并全长铺设一条粗电缆,项目部调查研究后决定利用附近 3 台既有变压器,再利用柴油作动力的钻机及旋挖钻机,减少变压器的安装费用,铺设三条不同直径的电缆 2 km 并逐条拆迁前移,分别用于桩基施工、承台和墩身施工。

结果:施工灵活机动,解决了各处用电,又降低了成本;及时撤下来的电缆又可用在别的工地。

(5)郑州东某铁路桥梁桩基节约成本

情况:本工程为一特大桥,工期 6 个月;桩基进度影响整个工期,原设计 230 棵桩基均为钻孔桩,相当一部分桩基离既有线太近,钻机设备容易侵限;项目部同设计人员及业主商议后决定部分采用挖孔桩,计 99 棵。

结果:保证了行车安全,保证了工期,并创造了效益。

(6)郑州某高速公路跨铁路特大桥架梁降低成本

情况:本工程设计为 20×9+35×5+20×8 计 22 孔先简支后连续预应力钢筋混凝土特大桥。原施工方案是架桥机从南端路基上上桥,向北逐孔架设。项目部认真研究分析,梁场位置狭小,20 m 梁的台座如与 35 m 梁的台座共同生产梁体,不仅费用增加,而且耽搁进度,特别是桥台后面的填土兄弟单位还未施工,35 m 梁跨铁路还需要点。综合各种因素,项目部决定对桥梁南北两端的 20 m 跨的箱梁采用两台 50 t 的汽车吊架设,35 m 箱梁采用高低龙门架提升到桥面,轨道运输到架桥机下,由架桥机架设。这样人员劳力也可分散开,原来一盘死棋变成了活棋。

结果:全线评比进度第一名,不仅保证了工期,而且降低了成本,业主对项目部的工作非常满意。

(7)商丘某钢架拱桥拱片预制节约成本

情况:大桥计 25 榀拱片,每榀拱片由 5 部分构件组成,原投标时采用的木模预制方案需要大量的临时用地和混凝土硬化工作，成本较大；项目部认真分析了几个方案后决定采用4套模具，两两弧心相对，拱圈下面采用砖模，其余采用木模，待混凝土达到一定强度后用倒链将拱片各段水平拉出，砖模重新利用，再进行下一榀拱片的制作。

结果：减少大量的土地、木模和混凝土的使用，既节约了成本又保护了环境。

(8)商丘某钢架拱桥微弯板预制降低成本

情况：全桥微弯板计420块，每块跨2.75 m，宽2.5 m，板厚6 cm，板中间设两道肋梁，肋高24 cm。原投标方案是木模，需大量的木材和木工，项目部经多方比较方案后，决定采用土胎砖模方案，侧面采用木模，共制作了18套模具。

结果：降低了成本，加快了进度，保证了全桥的外形美观。

(9)商丘某钢架拱桥接头混凝土养护降低成本

情况：拱片安装合拢时间是冬季温度较低时，每一孔拱片接头达20多处，这给混凝土养护工作造成很大的困难，原计划采用蒸气养护，费用较多；项目部经过多次的分析研究，决定采用电热毯包裹接头法进行混凝土养护，实施后效果非常显著，得得了业主的高度赞扬。

结果：降低了成本，加快了进度，保证了质量。

(10)商丘某钢架拱桥悬臂微弯板的安装降低成本

情况：原业主批准的施工方案是在大桥上下游两侧各搭设180 m长，5～10 m高的钢管架子支撑悬臂微弯板，耗时耗工；项目部在充分研究后，决定利用微弯板和悬臂微弯板上的吊环，将悬臂微弯板通过自制的U形卡及紧张器与桥中心的微弯板上的吊环连接，调整完毕后将连接钢筋焊牢，再在其上按设计浇筑混凝土填平层。

结果：降低了成本，加快了进度，保证了质量。

(11)某普通新建铁路某标段桥墩模板加工降低成本

情况：①本标段计大桥4座，原初步设计桥墩形式4种，项目部得知后立即去设计院协调，最后施工图桥墩形式变为2种。

②模板加工图项目部结合操作方便、节约费用等因素，自己进行初步设计，不用一根架子管，在模板顶部设计操作护栏，并与厂家多次商议后确定模板加工详图。

③由于其中一座大桥的高墩只有3个，高21 m，大部分墩高12.5 m内，通过仔细调查研究，模板只加工12.5 m高，其余部分借用相邻标段的同类型桥墩模板，并用砖模进行下部的调整。

④由于模板设计合理及施工进度快，桥墩施工完成后，别的标段施工单位以此加工价格的一半购买。

结果：降低了成本，加快了进度。同时，另一家兄弟单位的四座大中桥桥墩施工图类型达6种之多，模板加工图全部由厂家确定，购置了大量的架子管，施工时一些资源配备不协调及管理不到位，进度缓慢，发洪水时又冲走了一套已安装好的模板。成本支出显而易见。

4. 组织管理不当增大成本

(1)某高速铁路特大桥泥浆运输成本加大

情况：工地在城市郊区，为环境保护和利于进度管理，项目部统一租用泥浆自卸车，为便于项目部下设5个工区的调动使用，汽车燃油由各个工区负责发放；后来发现个别工区管理混乱，燃油发放随意，造成燃油用量失控，成本加大。

原因：任何一个管理漏洞就会造成成本的损失，要学会避免漏洞和及时修补漏洞；这也说明项目部管理不到位，监管不力。

(2)某工地移动模架管理不到位

情况：某工地现浇箱梁采用移动模架施工，由上级企业单位招标选用制造单位，而制造单位交货日期耽误6个月，到货后组装又耽误了时间；施工单位为保证总工期只得部分现浇简支梁采用满堂支架施工，大大加大成本。

原因：移动模架没有早订货，加工期间施工企业和项目部对制造单位的日常监管推进没有专人负责，都没有采取有效措施，无人对交货日期的滞后负责。说明施工单位管理不到位，监管不力。

(3)某工地龙门吊的管理不到位

情况：某现浇简支梁工地，由于工期滞后，企业领导决定购进一对200 t龙门吊进行箱梁钢筋笼的整体吊装；结果铺设轨道及组装花费了2个月，只吊了11片梁的钢筋笼；大大超过了汽车吊的费用；且如果现场施工队伍组织得当，人工绑扎钢筋笼即可，不需要这套龙门吊，工期可以保证。

原因:企业领导一言堂,缺乏必要的论证分析,说明企业管理不到位,监管不力。

(4)某工地连续梁施工管理不到位

情况:本连续梁为标段的瓶颈工程,外单位的架桥机要通过本梁向北铺架 900 t 预应力混凝土梁;由于桩基钻孔单价低,进驻的钻机队干干停停,时间拖延了 2 个多月,最后还是满足了钻机队的条件,单价比以前高很多;桩基完成后,项目部对承台和墩身施工队伍管理松懈,如一个主墩的承台钢筋绑扎,至少应有 30 名工人操作,可现场只有 7 人,而且是晚上无人干活;梁体浇筑完成后,劳力不足,过了 20 多天还未完成压浆。其中质量问题也很多。造成架桥机向北架梁进度满足不了全线的整体安排,不得已,施工单位最后艰难地选择了增加制梁和架梁的工作面。

结果:成本支出大幅增加。

第五章　工 期 管 理

第一节　工 期 概 述

工期是工程建设的红线，是业主对施工单位最重要的合同约定，一个单位对工期的驾驭能力反映出了这个单位的管理水平，特别是在抢工期的时候，最能反映出这个单位领导的管理水平。

在提到管理时，往往首先想到是成本管理、质量管理、安全管理、物资管理、机械管理、职工管理、民工管理、技术管理、财务管理等一系列的规章制度。无可否认，这些管理制度不仅是非常必要的，而且还需要在工程建设过程中不断完善、不断更新。可这么多管理文件怎么能有机地结合好呢？以什么为标准呢？怎么能把这么多管理贯穿起来呢？特别是刚走上管理岗位的同志，一到现场就会被繁杂的事务搅得分不清主次，胡子眉毛一把抓。质量、安全、机械、材料等管理问题层出不穷，就是俗话说的不是驴不走，就是磨不转。工期一拖再拖。企业信誉一落千丈。究其问题，就是工程管理中没有抓住主要矛盾，缺少提纲挈领的工作方法。

什么是纲，我认为工期就是整个工程建设的纲，任何一个合同的落脚点都是工期。任何一个业主都不允许合同工期的无理滞后，但却有可能让施工单位签订较为苛刻的工期条约，更有甚者是征地拆迁和勘测、设计影响的工期也让施工单位承受并消化掉。但企业要生存，不能怨天尤人，只能忍辱负重，顽强拼搏。这就要求我们要更加努力地学习管理知识和业务知识，加强自身的工期管理水平。下面就工期管理方面的问题谈一些个人体会。

第二节　工期的含义

工期，广义地讲就是人们一切工作活动的时间。狭义地讲就是工程施工实体的实际完成时间，包括各个工序的操作时间和为工程施工所做的各种准备工作和检验检测工作的时间。我们国家有工期定额,是国家相关部门按照工程的种类、难易程度,根据我国企业技术设备装备的平均水平(编制期)制定的,业主前期的可行性报告包括了工期的要求。而设计院则是根据相关资料及国家有关部门的批复,在与业主签订合同后进行设计的。其设计的工程施工工期也应该满足在合理标段划分下,符合业主招标条件的施工企业在遵守国家相关法律、法规前提下能够完成。

第三节　施工进度计划的编制

施工单位按业主的招标文件中工期的要求所编制的施工进度计划是配合投标用的,开工前施工单位还要根据合同条款、现场调查报告及施工图纸等编制详细的施工组织设计,并报业主或总监批准。其中包括总体工期计划、年进度计划、季进度计划、月进度计划。

这里着重要提的是,在施工中由于各种原因,月、季、年度的工程计划,甚至整个工期的计划都有可能要修改。这就要求施工单位随机应变,及时调整各种施工参数,卡死节点工期,满足业主及相关专业标段的要求,这也是考验领导者管理水平的试金石。

施工单位所编制的工期计划的依据主要如下。

1. 合同。
2. 图纸及相关技术资料。
3. 主要施工技术方案。
4. 现场调查报告。
5. 项目部综合管理水平和管理模式。

编制的总工期计划应符合业主合同要求的总工期,而施工工期(河南地区,隧道除外)则应该是总工期减去每年一个月的冬雨季影响时间,一个月的夏、秋收种耽搁时间及一个月的开工临建准备时间。这样排的工期看起来宽松些,实际上并非如此,因为在施工中遇到的影响工期的问题远远大于这些,工期排紧些,工作才会主动,才能防止被动局面发生,才能防止最后为保工期而采用人海战术和增加设备投入等大大加大成本的情况发生(而且还不易保证安全和质量)。

以往施工工期的编制,往往由技术人员负责,按照预算中的机械台班、工日总数，再根据要求的工期，反算出机械数量及施工人数，列出横道图就算完成任务了，顶多再做一个劳动力动态图，算一下劳动力不均衡系数，如过大则调整机械或人数，直至合理。这种方法只能用在工期不急的计划经济时代，且多是为了应付差事，纸上谈兵，投标时多采用此法。现阶段工程工期的编制，项目经理要亲自主持，要根据当地水电和原材料供应情况、地质情况、气候及水文情况，结合以上作业队的情况及管理办法、主要施工方法等，统筹兼顾，突出重点。根据倒排的施工工期和节点工期要求，将工期按分部工程分解。并确定节点工期和瓶颈工程工期的最早开工时间和最迟完工时间。这里要注意的是搅拌站等临时设施就是一个节点工期，而且是瓶颈工程，所以一进点就要将临建工程工期细化，再在其中确定节点工程。

第四节　控制工期的方法

这里要首先学习毛主席的矛盾论：在复杂的事物的发展过程中，有许多的矛盾存在，其中必有一种是主要的矛盾，由于它的存在和发展或影响着其他矛盾的存在和发展。任何过程如果有多数矛盾存在的话，其中必定有一种是主要的，起着领导的、决定的作用，其他则处于次要和服从的地位。因此，研究任何过程，如果是存在着两个以上矛盾的复杂过程的话，就要用全力找出它的主要矛盾。抓住了这个主要矛盾，一切问题就迎刃而解了。

在工程施工中，自始至终会遇到各种各样的问题，这些问题在不同的阶段对工期会产生各自不同的影响，而在同一阶段中，总有一个问题是主要问题，它的存在影响和制约着其他问题的解决，对工期产生主要影响，要全力以赴地解决这个主要问题，这个主要问题解决后，进入了下一个阶段，原来诸多的次要问题和新产生的问题中，必然又有一种问题成为主要问题，又要全力以赴地解决它，如此不断地循环，不断地解决施工中遇到的各种问题，工期就能得到有效地保证。当然，次要矛盾也不能忽视，因为在一定条件下，次要矛盾也可能上升为主要矛盾，要抓住重点，统筹兼顾。在整个中标项目中，不同阶段有不同的主要矛盾，在同一个单位工程中，不同阶段也有不同的主要矛盾；在同一个分部工程中，不同阶段也有不同的主要矛盾；在同一分项工程中，不同阶段也有不同的主要矛盾。要正确理解矛盾，平常所说的问题，其实就是矛盾。矛盾贯穿于整个工作过程中，施工的过程就是不断解决矛盾的过程。

利用网络法进行工期的安排同以上所说的抓主要矛盾是一致的。在网络法中，有一个主要矛盾线，就是每一分部分项工程的主要矛盾，要保证工期，就必须保证每一个主要矛盾线的最迟完成时间，如果要提前工期，则要将其中的一个主要矛盾线缩短，这样其他主要矛盾线就有可能变成次要矛盾线，原来的次要矛盾线就有可能变成主要矛盾线，再把新的主要矛盾线连接起来，这就是新的工期。实际上将一个主要矛盾线缩短，就是在这个分部分项工程里面再找出细化后工作内容的主要矛盾，并加以解决。这就是利用物质的无限分割理论不断地细化作业内容，再不断地在更小一级工作内容上找出新的主要矛盾，如此类推。

中标后，既要完成业主的各项任务还要完成本单位的各项任务，而最终的奋斗目标是工期。这是整个施工阶段解决任何问题的根本点和出发点（可能有不同意见，但我认为工程不能按期竣工，就是工作的失败）。要完成这个目标，需要解决很多问题，也就是矛盾，而第一个亟待解决的主要矛盾就是组建项目部，项目部组建后的又一个主要矛盾就是购地拆迁。而在购地拆迁中，又有主要矛盾，这就是搅拌站及梁场的购地拆迁，这些完成后，又有一个主要矛盾，就是搅拌设备和制梁设备的安装。而在搅拌站的安装中，又有一个主要矛盾，这就是水泥大罐的现场制作，在水泥大罐的制作中，又有一个主要矛盾，这就是电焊工的数量等。通过将工序层层分解，分别找出各层次的主要矛盾，并想办法解决，工期目标就一定能够达到。当然，以上所说的是做施工进度图时的安排，实际上在同一个阶段，对不同的问题，可能需要同时解决，如在组建项目部后，试验和测量工作的安排，图纸问题的解决，搅拌机等设备的订货，变压器的安装，施工队伍和物质的招标等。在施工中，主要矛盾和次要矛盾有时很难区分，而且变化很大，一到现场，亟待解决的问题太多，但一定要理清各种关系，一定要以缩短工期为目标，先在进度图上安排好，要有预见性，要定期检查工期完成情况，并及时调整工作计划。要研究影响工期的一个又一个问题，要有作业工班长或施工队领班参加，必要时具体操作工人也要参加。须知，工期管理是一个动态管理，只有深入一线基层才能不断地发现问题，才能不断地解决问题。在这里还要学习毛主席的一句名言:在战略上藐视一切敌人,在战术上重视一切敌人。也就是说不管多难的任务,一定有信心完成,而在具体工作中,对每一个施工步骤一定要仔细仔细再仔细,要反复研究。通过细化作业程序,才能找出影响工期的原因,才能优化施工方案,提出缩短工期的办法。

第五节　利用树枝法安排和检查工期

在工期安排及检查时,可以借鉴全面质量管理的工作方法,一般采用树枝图法较为直观。如一个桥墩的工期,根据模板数量和总工期的安排,需要五天完成,则项目经理就要召集相关人员开会,相关人员应包括管生产的副经理、管桥墩的领工员、施工队的负责人、技术人员、物质设备人员、试验人员、测量人员、搅拌站负责人等;由技术人员将施工内容和数量告诉相关人员,如墩台结合面凿毛、连接筋除污、钢筋绑扎与焊接、模板打磨涂油、模板拼装校正加固、混凝土的浇筑、混凝土的养护、模板的拆除及除污等;项目经理和大家充分研究后,须将分项工程的完成时间确定,如钢筋的绑扎与焊接时间、模板的拼装校正加固时间、混凝土的浇筑时间、混凝土的养护时间、模板的拆除及除污时间等。要求各相关人员提供对应的服务和保证,如果某部门有自己不能解决的问题,则项目经理要亲自安排协调解决,以确保五天一个墩子。如果到时不能完成,则项目经理同样要把所有相关人员召集开会,认真排列各种影响因素,如人员问题、材料问题、机械问题、搅拌站问题、图纸问题等。如是人员问题,则再细分研究是职工问题、民工问题还是监理问题;如是职工问题,则再细分是操作工问题、测量工问题、试验工问题还是领工员问题;如是测量工的问题,则再细分是思想问题还是业务水平问题;如是思想问题,则再细分是原来的思想问题还是到这工地以后产生的思想问题;如是到这工地以后产生的思想问题,则再细分是家庭问题、同事关系问题还是待遇问题;如是待遇问题,则再细分是个人认为低还是项目部定的标准确实低等,如此类推。对其他问题的研究分析也是同样的方法,要像剥茧一样一层一层地剥开,将核心问题暴露出来,然后对症下药,逐项解决。值得注意的是,完不成任务的原因可能有好几种,分析原因时一定要全部找出来,一次解决,防止反复出现。

第六节　案例分析

以下是在过去施工中有关工期管理方面的几个例子，希望对大家有所启发。

1．某高速公路跨陇海铁路特大桥架梁方案管理

本桥共22孔，其中中部跨陇海铁路处是5孔35 m的先简支后连续的预应力钢筋混凝土箱梁（50片），南北两端分别是9孔和8孔20 m的先简支后连续的预应力钢筋混凝土箱梁（170片）。

原架设方案是用架桥机从南向北逐孔架设，但由于场地所限，制梁场和存梁场均较小，存梁场双层存梁仅能存48片，如此，则20 m的台座完成90片箱梁后，就要改成35 m台座，完成50片箱梁后，再将35 m的台座改成20 m的台座，这样，架梁工期要用三个月，还要支付架桥机停工费用，台后填土也影响架桥机的拼装，更为麻烦的是架完后，由于是先简支后连续梁，梁接头连续处施工按设计应该是逐个进行的，无法同时进行，造成大批劳力上桥却无工作面。

针对以上问题，采取如下措施。

（1）召集相关人员反复论证，决定桥南北两端20 m箱梁用汽车吊，桥中间35 m箱梁用40/130架桥机，这样在南北20 m箱梁架设过程中施工队就可上桥进行梁上湿接头的施工，而且35 m梁的台座准备和制梁速度也可根据架梁进度统筹安排。

（2）采用高低龙门架提梁，不受台后路基填土的影响。

（3）汽车架20 m的梁及运梁总费用比架桥机还低。

（4）现场施工最忌一盘死棋，各项工作互相牵制，没有突破，而方案一变，则死棋变成了活棋。

通过优化方案，工期提前了2个月。

2．某高速公路20 m箱梁的预制速度提高

采用的是0.7 t锅炉蒸汽养生方法。刚开始时，由于存梁场较小，制梁速度没有控制。但当开始架设时，制梁速度明显与架梁速度不匹配，平均每片梁浇筑完成后要蒸汽养生2天才能拆外模。找到制梁场的负责

人，回答说：没办法，人和设备都在工作。到制梁场查看，发现箱梁养生篷里的蒸汽温度才 30 ℃，在锅炉工吃饭时仅达 20 ℃。详细地检查各个工序的流程，发现问题如下。

(1)锅炉用的烟煤质量不好。

(2)锅炉工吃饭时压火。

(3)锅炉房至箱梁养生篷间的地沟里和外露的蒸汽管道保温层失效。

(4)蒸汽管道进入养生篷里的花管每端各 6 m，梁中部 8 m 无花管，中部热量不够。

(5)养生篷损坏严重，漏气处达是 10 多处。

(6)拆内模时，箱梁两端养生篷大掀开，热量散失快。

(7)蒸汽养生同时养护 3～4 片梁，蒸汽量不够。

针对查找出来的问题，采取了以下措施。

(1)调查其他单位的锅炉用煤来源，找到质量好的烟煤，确保发热量大于每公斤 5 000 大卡。

(2)锅炉工由原来的 2 人增至 3 人，明确要求 24 h 锅炉房不断人，不许压火。养生篷里的温度监控人员要与锅炉工紧密联系，确保养生篷的温度符合规范和施工要求。

(3)将所有蒸汽管道用岩棉保温带绑好，外加花塑料布缠紧。

(4)蒸汽管道在养生篷里沿梁全长设置花管。

(5)将养生篷损坏处修补好，并严格控制新的漏洞产生。

(6)拆除内模时，箱梁两端不同时进行，养生篷仅掀开内模范围，并在内模端口做好围护。

(7)暂时关闭或减少其他梁的蒸汽养生，优先保证急需拆模的箱梁的蒸汽供应量，集中精力打歼灭战。

通过以上问题的逐项解决。箱梁内的蒸汽温度达到 50～60 ℃间，混凝土浇筑完成后 12 h 即可拆除外模，比原来提前了 36 h，保证了制梁速度与架梁速度的匹配。

3. 某高速公路 35 m 箱梁预制方案调整

本桥共有 35 m 箱梁 5 孔，每孔 10 片，分上下行各 5 片，设计有外边梁、中梁、内边梁。每孔计有外边梁 2 片，中箱 6 片，内边梁 2 片。情况如下。

(1)通过研究图纸，发现外边梁和内边梁的一个侧面分别同中梁的二个侧面相同。为节约投资，加工中梁模板 2 套，外边梁和内边梁模板各 0.5 套。

(2)根据进度计划及现场台座的情况，安排两家施工队伍，各制作 25 片不同型号的 35 m 的箱梁。

(3)开始时，每家各一套中梁模板，各半套内、外边梁模板。由于各种梁制作难易程度不同和单价不同，再加上半套模板互相移交时扯皮。内(外)边梁平均每三天才浇筑一片，影响了架梁速度。

为此，将两家施工队队长召集一起开会，详细研究并压缩了各个工序的时间，制定了以下阶段性目标。

(1)早上 7～8 点，甲队负责将自己养生篷的边梁模板拆除并将合用的半套模板移动到养生篷外部，乙队负责指挥龙门吊将这半套模板吊到自己的制梁位置并负责清除杂物、整修、涂油。

(2)上午 8～12 点，乙队负责将外模拼装完成(此前，乙队必须在台座上将腹板与底板钢筋、内模、波纹管等安装完成)。

(3)中午 12～16 点，乙队负责绑扎顶板钢筋并将整个箱梁模板加固调整完成。

(4)下午 16～19 点，乙队浇筑混凝土，并覆盖保温。

(5)晚上 23～第二天凌晨 5 点，供蒸汽养生。

(6)早上 7～8 点，乙队负责拆除模板并移到养生篷外。由乙队接管模板。

(7)以此类推。

通过以上合理安排各个工序时间，预制梁的时间由原来的 3 天提前到了 1 天，满足了架梁的进度，也保证了全桥的开通时间。

第 3 个实例所说的是施工过程中为保证某项计划的完成而采取的压缩各个工序的时间，并协调了两家施工队伍的联系，取得了较好的效果。如采用一个施工队伍，便很难保证 24 h 浇筑出一片梁来，就像农村吹响器一样，两班人吹就比一班人吹得有力，且吹得到位。两个施工队伍在一起也是一样，互相竞争，互相学习，就像市场经济一样，只有消除了垄断企业，互相竞争，产品的价格才会降下来，产量才会提上去，服务质量才会好上去。

另外，在制定以上类似的详细工期时，一定要俯下身去，认真调查研究，要坚信毛主席说的没有调查就没有发言权。要找施工队伍的现场人员调查、找具体负责人调查、找技术指导调查，必要时还要找具体操作人员调查等，调查越详细，心里越有数，制定的保证措施也就越到位，施工计划也就能够顺利实现。

4. 某高速公路跨焦枝铁路大桥管理整顿

本桥是 9 孔 40 m 跨的钢筋混凝土先简支后连续的预应力箱梁，由于规范和设计的要求，箱梁架设后，梁端的湿接头横梁须逐个浇筑混凝土（相对于伸缩缝位置），强度足够后再二次张拉，并进行体系转换，之后才能做下一道的湿接头横梁。也就是说梁端湿接头横梁的进度直接影响全桥的开通。业主也确定了最后日期，要求施工日夜不停，加快梁端湿接头横梁的进度。

可是，一个星期过去了，一个湿接头横梁也未完成，问及具体负责人，答复工人一直在干，未停。将两家施工队长召集开会，询问原因，均答复说设计太麻烦，七天根本无法完成。施工工期应该是多少时间，要有法律根据，我们国家的劳动定额就是我们施工单位的法律依据。劳资员将劳动定额拿来，并与技术人员一起，同两家施工队伍的队长谈各个工序的时间，具体如下。

(1)横梁的模板表面积是由技术人员算出后，劳资人员分别查木模制作定额和拼装定额。

(2)根据横梁的钢筋焊接接头查钢筋焊接定额。

(3)根据横梁的钢筋重量分别查钢筋的制作定额和绑扎定额。

(4)根据横梁的混凝土体积查混凝土的浇筑定额。

因木模的制作和钢筋的制作可提前进行，减去相应的时间，得到墩顶处横梁施工应用定额时间的总数为 16 个工天。

考虑到劳动定额是全国施工企业的平均中上等水平，我们的施工队伍达不到，按照平均中下等水平考虑，定额标准降 50%，则横梁的施工工天应为 32 工天。根据横梁的外形体积和墩顶的现场情况，工作面上安排 8 个施工人员，则完成的时间应为 4 个工天，每个工天 8 h，计需 32 h。再考虑每个晚上休息 8 h，则 2 天之内能够完成。

我们同他们总结了不能完成任务的原因。

第一，施工管理缺少统筹安排。

(1)横梁处的梁端连接钢筋应提前调直、整顺。

(2)箱梁之间的模板尺寸应提前逐个测量，在墩台下面准确下料，避免在支模板时尺寸不对而造成返工。

(3)施工前就应该把墩顶的防护栏杆及操作平台做好，施工时操作人员应把斧、锤、刨、钢筋卡具、铁丝、电焊机等机具带好，防止上下找寻影响时间。

第二，主要工种大小工不匹配。

(1)电焊工数量不够，且缺少大工。

(2)木工数量不够，且缺少大工。

第三，操作人员没有经过培训。

最后要求两家施工队伍负责人对他们的主要工种进行人员补充加强，对操作人员进行工序培训。三天必须完成一个横梁。后来的实践证明，两家施工队伍均未超过三天就完成了一个横梁。全桥按照业主的要求提前完成了开通任务。

以上问题的圆满解决，说明干什么工作都不能放任自由，不要太依赖于施工队伍，虽然，施工队伍有的素质很好，但是大多不能满足要求，人员流动性大，专业工种少，管理松散，就是素质好的施工队，也不是每个工地都管理得好。他们往往以成本为先导，这也无可厚非，但在关键时刻，特别是抢工期的时候，如果项目部不采取有效手段管理，则影响是致命的。有效手段有物质的，有精神的，有现在的，有将来的。关键是项目部要掌握施工队伍的心理，真正做到知己知彼，百战不殆。

5. 某客运专线搅拌站水泥罐的制造工期问题

由于搅拌设备生产厂家提供的标准水泥罐是 100 t 的，不能满足现场需要，所以在招标时，公司要求厂家在现场制作 200 t 的水泥罐 6 个，工期是 50 天。东北某个知名企业中标。但是由于资金及合约条款等问题，实际水泥罐加工时间推后 20 天，开始加工 10 天后，还未完成一个罐(折合量)，我们对此做了调查，结果如下。

(1)水泥罐加工是搅拌设备厂承包给一个专门的制作加工单位，这家单位在河南地区就有五家工地同时制作水泥罐。

(2)现场有加工人员 7 人，其中电焊工 5 人，油漆工 1 人，工长 1 人。

(3)现场只加工顶幅及罐身、底架。下部锥体厂内加工,汽车运至现场。

(4)加工单位负责购买钢材,顶部 4 m 厚钢板,罐体 5 m 厚钢板,直径 4.8 m,每个罐重 15 t。

据此,我们同加工人员一起研讨,如果按原工期完成(也就是剩下 20 天时间),应该投入多少人员和设备,经过周密计算,则共需要电焊工 20 人,油漆工 2 人,工长 2 人,大小电焊机 8 台,并要保证钢板及时供应。

随后,项目部立即召开专项会议研究如何保证水泥罐的加工工期,以确保搅拌站的按期使用,现阶段水泥罐的制作是整个工地的瓶颈项目,项目部要全力配合加工队,不要计较小成本而丢掉大成本,故决定如下。

(1)由物资部找公司相关领导,由公司物资设备中心出面同厂家协商,希望厂家从双方的长远利益关系出发,督促加工队增加人员和设备,并保证钢板及时进场,加快加工进度。

(2)由一名副经理和物资部长负责与加工队负责人协商,要求其 20 天内必须完成,人员、材料和设备如有困难,我方可提供帮助解决。在一些费用分摊上双方意见不一致时,我方可让步,例如,加工队电焊工不够,我方联系电焊工供其使用,如我方联系的电焊工谈的工费是 10 h 70 元,可加工队只出 50 元,则 20 元差价我方承担。

(3)搅拌站负责人要全力配合加工队施工并在食宿上给予照顾,要派专人跟班监督,随时协调各种问题。

(4)由物资部长同现场加工负责人协商,在按期完成后给其个人以奖励。

(5)水泥罐的加工进度要每天汇报一次。

通过以上运作,水泥罐按期制作完成并吊装就位。

本例主要是说明在抢瓶颈项目工期时,一定要顾全大局,不要计较小成本而丢了大成本。就算一切责任都是对方的,可到最后完不成任务还是项目部的责任。而且大的项目拖一天,项目部要支出的管理费、租赁费等各种不变费用会达数万元,甚至 10 万元。

6. 某高速公路路基施工进度调整

某路基在两桥之间,属台后填土,约 200 m 长,最高处 12 m,设计采用水泥白灰复合土填筑。由于业主不允许在路基上采用路拌法施工,工程数量又太少，建拌和站成本太大，经与监理沟通，同意在路基外用路拌法先行拌和，然后再运到路基上摊铺碾压。开始后，每 24 h 才铺一层，厚度仅 15 cm，照此速度，得两个多月才能完成土方任务，而且由于当时是夏季多雨季节，一场雨就耽搁一星期。为此，项目部同各参建单位一起仔细研讨了施工的各个环节，采取增加施工设备、试验检验设备、技术测量人员等措施，压缩了每一施工工序的时间，并安排项目部试验室主任及早与检验监理沟通，防止检验监理去别的工地检验并尽量让监理检验同项目部自检一同进行。情况如下。

(1)汽车上土方时间控制在 1 h 内。

(2)装载机摊铺土的时间控制在 1 h 内。

(3)摊铺水泥、白灰的时间控制在 1.5 h 内。

(4)犁耙犁的时间控制在 1.5 h 内。

(5)往路基摊铺混合土的时间控制在 1.5 h 内。

(6)碾压时间控制在 1 h 内。

(7)试验测量(要同监理一起)时间控制在 1 h。

(8)铺设土工格栅(仅台后 30 m 设置)时间控制在 3 h 内。

以上合计时间是 11.5 h，考虑到土工格栅只是局部设置，再考虑到适当增加虚铺厚度，综合以上情况，确定 30 h 路基压实厚度要达到 0.5 m。

后来的实践证明，以上安排是可行的。

第七节　工期管理中的关键事项

最后，根据多年的现场施工管理经验，总结一下工期管理中几个亟须注意的重要事项。

1. 加强前期与设计单位的沟通。中标后(甚至中标前)，一定要和设计院保持密切联系，最好派专人进驻设计院。这样的好处之一，可尽早拿到图纸，及早进行施工组织设计，先行确定机械、设备、人员、材料和模板的种类、数量等，提前做好施工准备；之二，可根据现场调查情况和本单位情况协调设计院改变某些设计，减少模板种类并使设计更符合实际，施工更方便；之三，可向设计院反映现场实际，说明施工难度和施工需要增加的设施、材料，将设计容易遗漏的项目和费用纳入蓝图和概预算。

2. 施工方案至关重要。施工方案对工期、成本、安全和质量影响极大，施工单位务必要引起高度重视。方案的制定一定要早做准备，切忌走一步说一步；要由相关专业经验的技术人员负责制定方案，要尽量多做几套，并做出这几套方案的工期、成本、安全和质量的对比参数；项目总工要召集相关人员开研讨会，要反复研究和论证；重要的方案要报上一级技术部门审批，必要时还要请专家进行评审。方案还要考虑与相关专业标段的接口处理，防止交叉影响，造成返工。另外，施工方案也要动态管理，随着工期和现场情况的变化而调整，但要符合监控程序。

3. 积极做好购地拆迁工作。一定要配合好业主和地方政府搞好拆迁补偿工作。不要认为拆迁补偿工作是业主和政府的事，与施工单位无关。实际上，由于拆迁影响造成的损失，不管是直接的，还是间接的，最终还是施工单位承受。施工单位一定要同地方政府、派出所保持联系，相互配合，要灵活机动地处理一些具体问题。对影响施工比较紧的大的拆迁问题，要盯紧业主和地方政府，必要时让新闻媒体介入，以求问题的快速解决。

4. 强化搅拌站的管理。搅拌站既是项目施工的心脏，又是项目成本的重要组成部分，更是项目质量控制的根本。对搅拌站管理的好坏，直接影响整个工程的管理，包括质量管理、成本管理和工期管理。一定选派吃苦耐劳、责任心强、敢于管理、业务精湛的职工任站长和试验负责人。要慎之又慎，认真研究，承包到位并绝对控制。

5. 桥梁工程采用分项单价承包。对较大的桥梁工程不要大包，也不要分段大包和分段承包。尽量采用分项单价承包的模式，关键时候可增加施工队伍，增加竞争力。在合同中一定要列出各分项工程的承包内容和综合单价，注明结算办法。并注明部分中止合同和全部中止合同时的结算项目及办法。这样做的目的是一旦某个施工队伍进度慢，可立即安排其他施工队伍进点，减少经济纠纷，避免因扯皮造成停工。

6. 细化土方承包单价。对较大的土方工程不要包给一个队伍，可分段包给几个队伍，但要列出细目综合单价，如运土便道价、购土价、挖装价、运土价、复合土拌和价、复合土装车价、摊铺碾压价，必要时还要列出机械设备进出场费和复合土拌和场地费。在合同中注明结算办法，并注明部分中止合同和全部中止合同时的结算项目及办法。这样做的目的也是为了减少纠纷，避免因扯皮造成停工。

7. 多做混凝土配合比。混凝土的配合比数量要按不同的原材料做足做够，以防原材料变化而无配合比使用引起停工。

8. 及早做好设计变更准备工作。对路基施工的路堑处，要先行进行取样检验，发现问题汇报到业主和设计部门，及早进行变更。防止开挖后停工等变更。

9. 抓好测量和试验工作。要改变以往的施工观念，紧紧抓住测量和试验这两个部门，配足人员，确定待遇，绝不能因此影响施工。切记，这两个部门是施工进度的两条腿，身体再强壮的人，如果一条腿出现了问题，就不可能走得稳，更不可能走得快。

10. 明确管理部门职责分工。制定好项目部的各项管理制度，包括项目部各部门的职责和个人职责，以及项目部和下属分部的职责分工，一定要详细明确各自的责任和权限。以免分工不明造成施工拖延。

11. 认真做好协调工作。要挑选头脑灵活、身体健康、办事稳妥、协调能力强的职工负责购地拆迁工作，要配足人员。要教育他们按自己家盖房子的心理去搞好外部协调工作。要有耐性、韧性、钻性。须知，外部环境对工程进度影响最大。

12. 加强合同管理。所有合同及协议，对产生纠纷的上诉法院，要尽可能定为施工单位所在地法院，这样便于问题的合理解决，防止扯皮影响施工。

13. 加大工期考核力度。对进度的管理，要有强硬的手腕，要奖罚分明，对于由于个人原因不能按时完成任务的，一定严肃处理。须知，总工期是由一个又一个的小工期累计起来的，如每一个小工期都拖后，则累计下来是相当大的。特别是在雨季和冬季时，有时耽误半天没按时完成，则由于天气原因会影响半个月，甚至一个月。

14. 缩短工期考核时间。对工期的考核时间不能太长，要有"只争朝夕"的精神，绝不能一个月检查一次，最长不要超过 7 天，这样才能及早发现问题，及早解决问题。

15. 正确理解工期与成本的关系。谈到缩短工期，往往认为就是增加劳力和机械，就是要增加投入，很少考虑到产出，加快施工进度不仅可以通过优化施工组织设计(含施工方案)，增强技术水平和管理水平，而且还可以减少很多方面的费用，只要工作做的认真周详，缩短工期的总效益还是可观的。工期拖延造成的成本支出，除包括工费、周转料费、机械费和管理费外，还应计入项目的技术、物资、试验、测量等管理人员的资源浪费费，管理人员无法开赴新的项目，而新的项目由于缺乏人员又势必造成新的工期拖延和安全、质量、成本的失控。只有狠抓工期，统筹兼顾，跑步前进，才能极大限度地减少成本，增加效益。

第八节 综合阐述

随着大规模基本建设的兴建，工期要求也越来越紧，这对各级管理部门是一个严峻的考验，同时，也是提高管理水平的一个难得的机遇。我国的大中型基建项目大多是由国家主导的，资金充足，购地拆迁容易，劳动力充足，这对施工单位是个好事，再加上机械设备的大量使用和新技术、新工艺的应用，所以只要前期工作安排合理和后期工作管理到位，工期压缩 1/5 到 1/3 还是可以做到的。工程施工有如下棋，要主动防御，勇于进攻，如果一个棋子憋在那里，动不了，就会影响到其他棋子，造成互相牵制，全盘变成死棋。某些影响全局工程的关键项目也是如此，应根据总的工期要求，对瓶颈项目采取一些特殊措施，增加一些投入，这样就会使整个工程施工的进度协调一致，施工才会如鱼得水，挥洒自如，要学会丢卒保帅，把死棋变成活棋。一定要认真研究工期，特别是项目管理人员和技术人员，要吃苦、勤奋、钻研；要静下心来，俯下身去，深入调查研究，要提前预想各种施工方案和应急措施，千万不要纸上谈兵，要认真学习矛盾论和实践论，善于抓住主要矛盾，善于走群众路线。工期安排也要从群众中来，到群众中去，通过不断的实践，不断的调查研究，不断地发现问题和解决问题，工期安排的质量也就会不断的提高，相应地，其他工作的管理水平也一样会随之提高。

第六章　环 保 控 制

第一节　环 保 概 述

环境是人类赖以生存和发展的基础，是人类和生物生存的空间。自有人类以来就存在着环境问题，且随着人类生产的发展和生活水平的提高，环境问题逐渐严重。由于我国人口众多，自然资源有限，随着经济的快速发展，呈现出一系列环境问题，如水污染、大气污染、噪声污染、固体废物污染和土地退化等，已成为社会经济可持续发展的制约因素，环境保护工作迫在眉睫，任重而道远。

一、环境的定义

1. 自然学科的定义

环境是指影响生物机体生命、发展与生存的所有外部条件的总体。按属性划分为自然环境、人工环境和社会环境。

(1)自然环境是指未经过人们的加工改造而天然存在的环境，分为大气环境、水环境、土壤环境、地质环境和生物环境。

(2)人工环境是指在自然环境的基础上经过人们的加工改造所形成的环境或人为创造的环境。

(3)生活环境是指由人与人之间的各种社会关系所形成的环境，包括政治制度、经济制度、文化传统、社会治安、邻里关系等。

2. 社会学科的定义

环境是指影响人类生存和发展的各种天然的和经过人工改造的自然因素的总体，包括大气、水、海洋、土地、矿藏、森林、草原、野生动物、自然遗迹、人文遗迹、自然保护区、风景名胜区、城市和乡村等。

二、环境问题

环境问题是指由于人类活动作用于周围环境所引起的环境质量变化，以及这种变化对人类的生产、生活和健康造成的影响。

三、环境保护

环境保护是指人类为解决现实的或潜在的环境问题，协调人类与环境关系，保障经济社会的持续发展而采取的各种行动的总称。简言之，就是防止环境破坏或变质的方法和控制措施。

四、水土保持

水土保持是指对自然因素或人为活动造成水土流失所采取的预防和治理措施。

五、“三同时”制度

“三同时”制度是指新建、改建、扩建项目和科技改造项目，以及区域性开发建设项目的污染治理设施，必须与主体工程同时设计、同时施工、同时投产的制度。

六、环境影响评价制度

环境影响评价制度是对可能影响环境的重大工程建设、区域开发建设及区域经济发展规划或其他一切可能影响环境的活动，在事前进行调查研究的基础上，对可能引起的环境影响进行预测和评价，为防止和减少这种影响制定最佳方案。

七、环境保护的基本原则

1. 经济建设和环境保护协调发展的原则。
2. 防治结合、以防为主、综合治理的原则。
3. 谁开发谁保护的原则。
4. 谁污染谁治理的原则。
5. 奖励和惩罚相结合的原则。

第二节　工程建设的环保现状和建议

近二十年来，我国建设工程突飞猛进，城市、乡村建设日新月异，但是环境问题却在一些领域得不到彻底的解决，虽然《中华人民共和国环境保护法》和《中华人民共和国水土保持法》已颁布多年，在保护和改善生活环境与生态环境、防治污染和其他公害、保障人体健康等方面起到了积极作用并提供了法律上的保证；但由于相关政策不配套和不完善，造成工程管理中，特别是施工中的污染问题和水土流失问题得不到根本的改善。

一、存在的主要问题

1. 国家相关部委的配套政策不完善

一些定额管理单位没有把环境保护等需要增加的费用明确化，编制说明不具体，各项要求不明确。

2. 建设单位盲目的减少投资

一些建设单位为降低投资，盲目地压缩资金，没有认真执行环境保护法和水土保持法，没有具体问题具体分析，习惯用以往的各种建设指标限制工程的投入。

3. 可研单位和设计单位工作不负责任

一些可研单位和设计单位现场调查不细致，工作不深入，没有认真执行环境保护法和水土保持法，习惯于以往的做法，而不考虑现场实际；对于建设单位违反规定的要求违心执行，盲目听从。

4. 监理单位工作不力

一些监理单位对环境保护要求不严，没有专门的环保工程师，现场管理流于形式，对施工单位的违规行为听之任之，放任自流。

5. 施工单位的环保工作似是而非

一些施工单位各种环保措施不齐全，落实不到位，不愿在环保中投入过多资金，得过且过，蒙混过关。

6. 国家行政监管部门不作为

一些行政监管部门工作不认真，检查走过场，监管不严，习惯于以罚代管，甚至热衷于罚款。

二、建设性意见

对于以上突出问题，国家相关单位应下大力气进行整改，应从以下几个方面考虑。

国家相关部委要改进定额编制办法，将环境保护费单列一章，详细计取；也可同铁道部单列安全费一样，按费率计取。

国家应加大对建设单位和设计单位的环保审核力度，要委托专门的有环保审核资质的单位对设计进行全方位的审查，要“走村访友”，现场核实；不仅审图纸，还要审概算，检查各项环保费用的合理性。

监理单位要有专业环境工程师对施工现场进行监督管理，并监督施工单位按照同当地环保部门签订的环保协议进行施工；对施工单位的验工计价具有否决权。

施工单位要正确理解环保与进度、成本的关系，要将环保措施当作技术措施来管理，要有明确的责任划分和奖惩办法，将环保问题列入对项目部的考核项目中。

国家环保行政管理部门要加大对施工现场的检查力度，发现问题及时研究，认真组织评审，坚决整改；加强自身业务培训和责任心教育，克服以罚代管的现象，明确各项目的环保责任人，加大监管力度。

三、施工单位的环境管理

项目部应按照企业的环境管理体系和招投标文件，建立项目部的环境保护组织机构及环保体系，确定环境保护目标，制定环境保护措施，包括环保组织机构和环保体系。

项目部要成立以项目经理为组长、安质部长为副组长的组织管理机构，建立健全环保体系，明确各部门、各作业队和各责任人的环保责任和目标，制定各项环保制度和奖惩办法。

1. 组织全体人员学习培训业务知识和责任心教育

(1)组织学习国家有关环境保护方面的法律、法规和地方性规定。

(2)组织学习批准的建设项目环境影响报告和设计说明等资料。

(3)组织学习招投标文件和合同条款，明确投标承诺和环保要求。

(4)组织学习项目部和当地环保监管部门签订的环保协议。

(5)组织学习环保知识，要识大局、顾大体；采取多种形式的宣传教育活动，将环保教育深入人心。

2. 制定环境保护目标

项目部应根据建设环评报告、招投标文件和环保部门的具体要求，确定环保目标。笼统地讲，就是努力把工程设计和施工对环境的不利影响降至最低度，确保沿途景观不受破坏，地表水和地下水水质不受污染，植被有效保护；少破坏、多保护，少扰动、多防护，少污染、多防治；对可能产生的污水、废气、噪声、固体废弃物等污染源采取有效措施，进行严格控制；使环境保护监控项目与监控结果满足设计要求和环保要求，做到环保设施与工程建设"三同时"。

3. 制定环境保护措施

项目部安全质量管理部门负责现场环境保护的日常管理工作，根据国家环保的具体标准和要求，会同其他部门查找污染源，制定详细的环境保护控制措施，并明确责任部门和责任人。

(1)查找污染源。

污染源包括噪声、扬尘、洒落、实验废液排放、固体垃圾遗弃、资源能源消耗、废旧材料遗弃、放射性物质存放、生活污水排放、施工污水排放、施工对居民的影响、油品、化学用品的漏弃、废机油的处理、电脑墨盒的废弃、电池的废弃、吸烟的影响等。

(2)制定保护措施。

①施工中注意道路、耕地和附近建筑物的保护；运输便道要洒水养护，运输土方车辆顶部要封闭严密，避免车辆扬起粉尘影响周围环境。

②复合土的拌和和易起尘物质的处理要在封闭环境中进行操作；工人的劳动保护要做到位。

③施工不得影响与施工范围无关的其他建筑物的稳定，要保持周围环境的协调，严格保护用地界以外的植被、树木。

④做好防洪排水工作，防止因施工淹没损坏附近的建筑和树木；对沿线河流保持清洁、通畅，严禁将废水、垃圾和废弃物倾倒于河道内；竣工后及时清理施工场地，做到工完料净，工程中的废渣、废料要集中运到远离居民区的设计指定的弃渣场。

⑤施工现场产生的污水要在合理位置设置沉淀池，经沉淀处理后的污水方可排出或回收于洒水车，用于洒水防尘；未经处理的废水，严禁直接排出。

⑥驻地生活区设置垃圾分类存放点，并定期运到环保部门指定的垃圾处理点。

⑦厨房排水要设置专门的隔油池，进行油水分离，并按时处理。

⑧厕所建设要符合建设部门和当地环保部门的规定，尽量采用水冲式。

⑨施工现场的电锯、电刨、搅拌机、混凝土输送泵、空气压缩机等强噪声设备应搭设封闭式机棚，并尽可能设置在远离居民区的一侧，以减少噪声污染。

(3)明确责任人。

根据污染源可能产生的原因和地方，确定责任部门和责任人，明确责任人的环保职责和义务。

4. 环保措施的实施与检查验收

环境保护措施是一项综合性的工作，项目部要在施工组织设计中具体体现出来，安质部门要和技术部门、材料部门等通力合作，多次研究方案，才能制定并实施行之有效的环境保护措施；项目部要定期对工地环保工作进行检查验收，要及时总结经验，吸取教训，硬起手腕，奖优罚劣，才能保证环境保护工作健康有序的发展。

第三节 案例分析

笔者从事工程管理工作几十年，深深感觉到环境保护工作的重要性，也体会到了国家对环境保护工作的殷切希望，本人就以往工作的一些做法总结如下。

1. 工作区和生活区分开

由于工作区的粉尘、噪声和操作响动，极易影响生活区的清洁和职工的休息，所以要利用天然的或人工的办法分隔开，并注意常年风向的影响。

2. 生活区厕所、厨房的设置要谨慎考虑

这两处建筑是每人必须用的，但又是每人都不想靠近的；要调查研究当地居民的设置，考虑上水和排污因素以及常年风向的影响，综合项目部的整体形象，通过浴池、料库、花圃等合理隔离开。

3. 临时设施尽量利用废旧厂房和非耕地

一些搅拌站和梁场建设需大量的用地，如占用大量耕地，不仅影响环保，而且水电路的配套工作也很困难，竣工后复耕又需大量的资金；如在洛阳一座立交桥施工中，将梁场选在距离现场 16 km 远的一大型企业设备存放场，不存在复耕问题，不下挖土方，且硬化了地面，取得了双赢；又如在某铁路客运专线施工中，搅拌站选在一废弃的沥青混凝土场内，同样不存在复耕和水电路的配套工作，且利用了原有的一些临时设施。

4. 优化临时设施的施工方案

(1)筹划临时设施时，一定要把使用成本、建造成本、复耕成本、周围干扰成本和环境保护成本综合起来考虑。如某铁路客运专线的某钢筋加工场地，由于环境所限，占用农田，在设计场地方案时，通过对比，采用预制空心板铺设作业地面，工程完工后将农田交给老乡，不存在复耕费用，既保护了农田，又减少了成本。

(2)临时设施尽量少占耕地。

(3)要优化施工平面布置图，合理确定施工便道的位置和出口，尽量利用既有道路。如某铁路客运专线便道设计，因红线外侧是高级树木，而桥梁承台边距红线仅 3.5 m，为此，承台施工时靠近便道一侧采用砖模，便道宽度采用 3 m，并每隔 150 m 在墩间设一避车带；既保证了车辆的正常通行，又保护了珍贵树木。

(4)做好搅拌站的排污处理工作。

搅拌站大量的混凝土罐车每天需要不断的清洗，搅拌设备也要不断的清洗，排污量很大，对环境的影响也很大，要好好规划；如在某铁路客运专线搅拌站建设时，就是利用一个既有的大水池进行改造处理，经过沉淀过滤，清水用于便道洒水，而沉淀池每天沉淀下来大量的沙石材料则用作于临时工程；既节约了成本，又保护了环境。

5. 充分利用废弃沟壑进行泥浆废渣的排放

在工程施工中，特别是山区，沟壑纵横，给当地老乡耕种和出行造成诸多不便，如能利用桥梁桩基泥浆和废渣填平，则利国利民。如在某铁路客运专线桩基施工中，根据不同的地质，选用合适的钻机类型，平原地区，地质较好，尽量选用泥浆少的旋挖钻机；在地质较复杂的山区，则选用回旋钻机和冲击钻机，泥浆和废渣则排放在废旧的沟壑里，既增加了耕地，又节约了成本，取得双赢。

第七章　技 术 创 新

第一节　技术创新的概念

进入 21 世纪，科学技术日新月异，科技进步与创新日益成为增强国家综合实力的主要途径和方式，依靠科学技术实现资源的可持续利用、促进人与自然的和谐发展成为各国共同面临的战略选择。“提高自主创新能力，建设创新型国家是国家发展战略的核心，是提高综合国力的关键”。

一、技术创新的定义

技术创新是指由技术的新构思，改进现有的或创造新的产品、生产过程或服务方式，并产生经济、社会效益的商业化全过程的活动。它包括五个方面的内容，即开发新的产品，采用新的生产方式或新工艺，开辟新的市场，提供新的服务，采用新的经营管理模式。

二、技术创新的要点

1. 技术创新是科技活动过程中的一个特殊阶段，即技术领域与经济领域间的技术经济领域，其核心是知识商业化。

2. 技术创新是受双向作用的动态过程；技术创新始于综合技术发明成果与市场需求双向作用所产生的技术创新构想，通过技术开发使发明成果首次实现商业价值。

3. 技术创新是以市场为导向、以效益为中心，而不是以学科为导向、以学术水平为中心。

4. 技术创新的主体是企业，技术创新是企业对发明成果进行开发并最后通过销售而创造利润的过程。

三、技术创新的内涵

技术创新是企业兴旺和长盛不衰的源泉，是提高企业核心竞争力的重要基础，包括自主创新、模仿创新及合作创新。

1. 自主创新

自主创新是指通过拥有自主知识产权的独特核心技术以及在此基础上实现新产品价值的过程。自主创新包括原始创新、集成创新和引进技术再创新。自主创新的成果，一般体现为新的科学发现以及拥有自主知识产权的技术、产品、品牌等。

(1)原始创新是指前所未有的重大科学发现、技术发明、原理性主导技术等创新成果。原始性创新意味着在研究开发方面，特别是在基础研究和高技术研究领域取得独有的发现或发明。原始性创新是最根本的创新，是最能体现智慧的创新，是一个民族对人类文明进步作出贡献的重要体现。

(2)集成创新是指通过对各种现有技术的有效集成，形成有市场竞争力的产品或者新兴产业。

(3)引进技术再创新是指在引进国内外先进技术的基础上，学习、分析、借鉴，进行再创新，形成具有自主知识产权的新技术。引进消化吸收再创新是提高自主创新能力的重要途径。发展中国家通过向发达国家直接引进先进技术，尤其是通过利用外商直接投资方式获得国外先进技术，经过消化吸收实现自主创新，不仅大大缩短了创新时间，而且降低了创新成本。

2. 模仿创新

模仿创新是指对率先进入市场的产品进行再创新；企业通过学习模仿创新者的创新思路和创新行为，吸收成功经验和失败教训，引进购买或破译创新者的核心技术和技术秘密，在他人的基础上进行改进和完善，并在工艺设计、质量控制、生产管理、市场营销等创新链的中后期阶段投入主要力量生产出在性能、质量方面富有竞争力产品的企业竞争行为。

3. 合作创新

合作创新是指两个以上的企业为实现某一技术创新目标而建立的一种合作伙伴关系；是在技术协作、技术联合活动基础上的最高层次的一种技术合作活动，是企业为了获取竞争优势而进行的相互依存的战略合作行为。

四、技术创新的意义

1. 有助于经济增长。
2. 有助于提高企业经济效益。
3. 有助于提高企业竞争力。
4. 有助于增强综合国力。

第二节　国家技术创新工程

一、国家技术创新工程总体目标

形成和完善以企业为主体、市场为导向、产学研相结合的技术创新体系，大幅度提升企业自主创新能力，大幅度降低关键领域和重点行业的技术对外依存度，推动企业成为技术创新主体，实现科技与经济更加紧密的结合。

二、国家技术创新工程的总要求

1. 要坚持企业是技术创新主体的导向，推动企业成为技术创新需求、研发投入、创新活动及成果应用的主体。

2. 要引导人才、科研资金、技术等要素向企业集聚，充分发挥各类创新要素的作用。

3. 要建立科研院所、高校和企业之间长期稳定的合作关系，引导产学研用各方按照市场经济规律开展合作，鼓励用户单位积极参与，建立完善重大技术创新成果向现实生产力快速转化的畅通渠道。

4. 要推动公共科技资源开放共享，加强技术创新服务平台的能力建设，发挥转制科研院所在产业共性关键技术攻关方面的作用，完善科技中介服务体系建设。

三、国家技术创新工程主要任务

1. 推动产业技术创新战略联盟构建和发展。促进产学研各方围绕产业技术创新链在战略层面建立持续稳定的合作关系，立足产业技术创新需求，开展联合攻关，制订技术标准，共享知识产权，整合资源建立技术平台，联合培养人才，实现创新成果产业化。

2. 建设和完善技术创新服务平台。依托高等院校、科研院所、产业技术创新战略联盟、大型骨干企业以及科技中介机构等，采取部门和地方联动的方式，通过整合资源提升能力，形成一批技术创新服务平台。加快先进适用技术和产品的推广应用，加速技术成果的工程化，加强产业共性关键技术研发攻关，加强研发能力建设和行业基础性工作。

3. 推进创新型企业建设。引导企业加强创新发展的系统谋划；引导和鼓励创新型企业承担国家和地方科技计划项目；引导和鼓励有条件的创新型企业建设国家和地方的重点实验室、企业技术中心、工程中心等；支持创新型企业引进海内外高层次技术创新人才；支持企业开发拥有自主知识产权和市场竞争力的新产品、新技术和新工艺。引导企业建立健全技术创新内在机制。引导企业加强技术创新管理。

4. 面向企业开放高等院校和科研院所科技资源。引导高等学校和科研院所的科研基础设施和大型科学仪器设备、自然科技资源、科学数据、科技文献等公共科技资源进一步面向企业开放；推动高等院校、应用开发类科研院所向企业转移技术成果，促进人才向企业流动。鼓励社会公益类科研院所为企业提供检测、测试、标准等服务；加大国家重点实验室、国家工程技术研究中心、大型科学仪器中心、分析检测中心等向企业开放的力度。

5. 促进企业技术创新人才队伍建设。鼓励高等院校和企业联合建立研究生工作站，吸引研究生到企业进行技术创新实践。引导博士后和研究生工作站在产学研合作中发挥积极作用。鼓励企业和高等院校联合建立大学生实训基地；协助企业引进海外高层次人才。以实施“千人计划”为重点，采取特殊措施，引导和支持企业吸引海外高层次技术创新人才回国(来华)创新创业。

6. 引导企业充分利用国际科技资源。发挥国际科技合作计划的作用，引导和支持大企业与国外企业开展联合研发，引进关键技术、知识产权和关键零部件，开展消化吸收再创新和集成创新；鼓励企业与国外科研机构、企业联合建立研发机构，形成一批国际科技合作示范基地；引导企业“走出去”，开展合作研发，建立海外研发基地和产业化基地；鼓励和引导企业通过多种方式，充分利用国外企业和研发机构的技术、人才、品牌等资源，加强自主品牌建设。

第三节　铁路技术创新

一、铁路技术创新工作的总体要求

按照“自主创新，重点跨越，支撑发展，引领未来”的科技发展方针，以建设创新型铁路为目标，以增强自主创新能力为核心，紧密围绕和谐铁路建设重点任务，全面推进原始创新、集成创新和引进消化吸收再创新，突破一批重大关键技术，不断发展壮大铁路科技人才队伍，完善铁路创新体系，使铁路技术整体上达到世界先进水平，为加快实现我国铁路现代化提供强有力的技术支撑。

二、铁路技术创新工作的目标

1. 建立我国铁路客运专线建设和运营管理的成套技术体系。系统掌握客运专线工程建设技术、牵引供电技术、通信信号技术、运营调度技术、旅客服务技术、系统集成技术、综合维修技术。

2. 建立我国铁路动车组和大功率交流传动机车的技术体系。

3. 系统完善我国铁路既有线提速成套技术体系，完善既有线提速安全保障体系，确保提速持续安全稳定。

4. 系统掌握重载运输成套技术。

5. 建立我国高原铁路成套技术体系。深化完善高原冻土工程技术，系统掌握高原铁路运营安全监控、保障技术，建立并完善高原铁路技术标准。

6. 建成功能完善的铁路信息系统。以调度指挥智能化、客货营销社会化、经营管理现代化为重点，深入推进铁路信息化总体规划的实施。

7. 加快构建铁路安全技术体系。掌握综合检测技术、安全监测技术、安全评估技术、灾害预警技术、应急救援技术。

8. 大力推广节能环保技术。全面开展资源节约和综合利用技术、环境保护技术的应用研究和推广工作，提高铁路节能环保的科技水平。

9. 整合铁路行业科技资源，加强创新平台和基地建设，形成比较完善的铁路技术创新体系。

10. 培养一批具有世界水平的专家和创新团队，在铁路基础理论和铁路应用技术领域达到世界先进水平。

三、铁路技术创新工作的主要任务

1. 要坚持以我为主的原则，以掌握核心技术为目标，把原始创新、集成创新和引进消化吸收再创新结合起来，全面增强铁路自主创新能力。

2. 以铁路工程技术、运营安全技术为重点，加强基础研究和高新技术研究，力争取得重大突破。要高度重视客运专线建设的原始创新，通过科技攻关和试验，解决复杂地质条件下客运专线路基、桥梁、隧道、轨道等基础工程的技术难题。

3. 根据铁路发展实际，加强国外与国内先进技术装备、新技术装备与既有技术装备、不同专业技术装备间的有机融合，迅速提高集成创新能力，形成适应铁路发展需要的新产品、新产业。

4. 结合动车组、大功率机车核心技术和主要配套技术的消化吸收，大力推进再创新，构建我国铁路机车车辆先进的技术体系；依托客运专线建设和引进的相关技术，经过消化吸收再创新，构建我国客运专线运输调度指挥、工务工程和铁路通信信号系统技术体系。

第四节　技术创新的基本要求

一、建立现代企业制度

现代企业制度能够使企业成为有创新战略、筹资能力、自主开发能力、强大技术创新能力的市场主体，实现从创新设想产生，直到创新决策、创新投入、技术开发、市场创新、提供服务、再次创新等一系列环节的一体化运作，真正解决技术创新主体缺位的问题，从而促进企业技术创新能力的提高。

二、建立创新组织

建立完整的技术创新管理体系和组织机构，制定各项实施计划和管理办法。成立专门的研发机构，负责企业的技术创新管理工作和研究工作。

三、加强技术创新方法的研究

创新方法是科学思维、科学方法和科学工具的总称，科学思维创新是科学技术取得突破性、革命性进展的先决条件，科学方法创新是率领科学技术跨越式发展的重要基础，科学工具创新是开展科学研究和实现发明创造的必要手段；创新方法工作要以思维创新、方法创新和工具创新为主要内容，以机制创新、管理创新和体制创新为主要保障，营造良好的创新环境，建立有利于创新型人才培养的素质教育体系；培养掌握科学思维、科学方法和科学工具的创新型人才，培养拥有自主知识产权和持续创新能力的创新型企业，研发具有自主知识产权的科学方法和科学工具，为自主创新战略、建设创新型国家提供强有力的人才、方法和工具支撑。

四、提高企业技术创新方法的培训工作

技术创新方法主要是指创新科学的思维、科学的方法和科学的工具，是一项利其器的工作；加强科学思维，培养创新精神和能力的教育，把科学的精神、科学的激情以及科学的灵感变成创新的技巧，形成中国创新的软实力；开展科学方法的研究，根据不同的学科、不同的领域、不同的产业方向，进行科学方法系统的归纳和总结，推动不同学科、不同技术之间的交叉融合。

五、确保创新环境

正确分析企业内部环境和外部环境，实行产学研相结合，根据经济结构调整的方向，确定正确的创新模式，制定技术创新战略目标

1. 企业内外部环境、条件是制定技术创新战略的前提和出发点，企业必须小心、细致、周全地进行调查、预测。调查、预测的内容主要是技术发展、经济和社会发展趋势及机遇、挑战，竞争者的情况和竞争压力，企业战略对技术创新战略提出的要求，企业技术能力等。在调查和预测的基础上，进行企业优势和劣势分析，为企业创新战略提供依据。

2. 技术创新战略首先应有一个长期的目标，即须经过长期努力才能实现的目标，指出企业长期奋斗的技术创新方向，激励企业不断努力去达到一个崭新的技术境界；其次还应有若干阶段战略目标，它们是长期目标

按战略阶段分解的具体目标，是企业在某个阶段要达到的目标，具有较强的可操作性。长期战略目标通常包括在未来十年或更长时间内要在世界或某个范围内成为技术领先者，拥有一流的技术开发能力、先进的制造技术和手段、高技能的技术开发队伍等。阶段战略目标通常包括在预定期限内要达到的技术能力和技术水平，要进入的产业，要开发或制造出的新产品种类、规模、成本水平等。

六、制定技术创新方案并进行论证筛选

1. 技术创新方案是在企业技术创新战略目标指导下的技术创新行动，其基本内容包括技术创新的模式，技术的性质、重点和发展方向，相关资源的需求方式、数量和时间，职责分配和组织形式，人员素质和培训计划，体系保证。

2. 方案的分析论证应集中、优化、筛选企业各职能部门的意见，倾听专家学者的建议；特别是专家学者，在本专业领域有渊博的知识和丰富的经验，对本专业的发展趋势有较多、较深的了解，能够使企业的方案更严密、更科学，更能把握产品发展的方向。

七、技术创新方案的实施与调整

1. 技术创新方案要根据方案实施的难易程度和目标要求，分解为具体的分战略、战术和作业，形成行动计划，要具有可操作性，确保资源的需要，在实施活动中予以正确的领导和控制。

(1)把战略目标层层分解为各相关部门、各时间段的具体分目标。

(2)根据分目标确定分战略和行动计划。

(3)根据战略要求分配所需的人力、物力和财力。

(4)加强领导，实行及时合理的激励，调动创新人员的积极性。

(5)及时根据新情况，对创新活动进行适当控制，保证技术创新战略的最终完成。

2. 在实施企业技术创新过程中，随时注意收集反馈信息和外部环境信息，并对目前正在实施的战略目标及方案的适当性或有效性做出判断。审时度势，对企业技术创新战略进行必要的调整、补充，以保证企业技术创新战略的前沿性和有效性。

第五节　程序和方法

技术创新是指以工程项目为依托，以推进企业技术进步、促进企业发展、提高企业市场竞争能力为目的，施工单位针对项目施工技术难点、关键技术，引进市场中对工程项目、企业有实用价值的创新技术或研究成果，通过适用性试验研究或继续研究进行消化、吸收、应用、创新，革新改造原有施工、生产工艺、机具设备和管理方法，推广有应用前景，能够创造良好的经济和社会效益的新工艺、新材料和新产品，从而提高工作效率，保证安全质量，改善劳动条件，获取较好经济效益。

一、明确技术创新目标

1. 总体目标

技术创新要以推进企业技术进步、增强企业市场竞争能力为宗旨，按照建设单位工程创优总体规划要求并结合项目实际，明确铁路争创鲁班奖项，国家科技进步奖项、省部级科技进步奖项的具体要求。

2. 分项目标

根据工程实际情况，明确争创单项工程鲁班奖项目、争创国家科技进步奖的课题、争创省部级科技进步奖的项目。

3. 其他课题

除申报国家级、省部级奖项的项目外，根据建设单位创优总体规划要求，还要在包括计划管理，成果管理，信息管理，新技术、新工艺、新材料的推广应用，工法管理等几个方面开展技术创新。

二、技术创新程序和方法

项目部要成立以项目总工程师为组长的技术创新领导小组，副组长为其他项目部领导，组员由有关部门负责人、集团公司相关专家组成。项目部技术创新领导小组办公室设在工程部，负责日常的工作管理。作业队应成立相应技术创新工作小组。

技术创新领导小组主要职责是全面领导本管段的技术创新管理工作，对本单位施工的技术创新负责。

1. 技术创新管理主要工作内容

(1)编制本单位的技术创新计划,执行上级下达的科技发展计划,检查、分析和总结本单位科技工作。

(2)组织科技计划项目的立项审核、合同签订、过程管理,适时跟踪、检查合同项目进展情况,为合同项目提供技术服务,协助完成合同项目。

(3)做好技术创新投入经费管理。组织有关部门编制科技投入经费、科研器材申报计划,认真测算科技投入经费,对经费使用情况进行监督。

(4)组织科技成果鉴定、评审或验收,组织科学技术进步奖、工法的评审、推荐上报及组织其他科技奖励的评审工作。

(5)推进科技成果转化,为施工一线提供技术咨询服务。

(6)组织开展技术培训和技术交流活动,做好技术信息管理工作。

(7)收集、整理技术创新信息,及时总结、评价技术中心的各项工作,上报各种报表和相关材料。

2. 工作要点及方法

(1)技术创新计划编制

①计划的主要内容。技术创新计划主要内容应包括技术开发与创新、技术革新与技术改造、推广"四新"成果等内容。

②计划的申报。项目部督促各作业队将建议列入项目部技术创新计划的项目,在指定时间前将申报材料报项目部工程部,同时,上报科技开发经费预算。工程部对申报项目进行汇总,并根据申报情况初选立项项目,经集团公司科学技术委员会审查、批准,由集团公司科技部编制年度科技计划后下达。

(2)签订科技合同

由集团公司投入科技经费的项目,工程部与课题组签订科技合同,施工单位集团公司按合同投入科技开发经费,课题组按合同条款要求完成课题。各作业队自行立项的项目,由各作业队与课题组签订科技合同。

(3)科技计划实施和检查

①科技发展计划下达后,项目课题组应制定具体的研究试验大纲和工作计划,落实经费和科研组织机构及人员。工程部应对项目进行督促、检查、指导,及时协调实施中遇到的问题,确保科技发展计划的完成。

②完成科技计划是衡量一个单位是否全面完成生产计划的重要指标

之一，科技计划完成情况将列入单位第一管理者、总工程师年度考核内容。

③课题组要严格执行合同，不得随意变更。如因特殊情况，确需调整、变更，必须报上级审批。实践证明已失败的项目要写出报告，总结经验教训作为项目终结的依据。中途停止或未按要求完成的项目，工程部可视具体情况回收全部或部分经费。

④工程部要经常检查技术创新计划实施情况，掌握项目进展动态，每年定期将科技项目完成情况，以书面形式报集团公司科技部。

(4)科技信息资料收集整理

项目部应围绕生产经营、施工管理和科技开发，有计划、有重点地开展科技信息资料的收集、整理、交流和反馈工作。

(5)科技合同项目档案管理

在执行科技开发合同中，要做好各项记录、图片、电子档案和技术资料的积累、整理、总结工作，建立健全相关台账。

(6)技术交流

项目部要积极创造条件开展科技信息交流活动，不断提高施工技术和管理水平。建立技术交流会议报告制度，即参加各类学术专业会议后，参加集团公司以外的专业会议等。

(7)科技成果推广应用

各单位对通过鉴定能提升施工能力和施工技术水平的科技成果，要积极推广使用，促进成果转化，使其发挥作用。

推广“四新”成果指推广应用已通过省部级以上成果鉴定，并具有市场价值的新技术、新设备、新工艺、新材料和其他已成熟、适用的科技成果。

三、技术创新评价、评估

1. 技术创新的分级管理

技术创新一般按照等级和层次，实行三级管理机制。项目部应根据项目管理机构技术创新分类情况确定分三类，第一类为争创国家级奖项项目；第二类为争创省、部级奖项项目；第三类为一般工艺、工法及课题技术创新。

2. 技术创新分级管理实施

一、二类项目由项目部技术创新领导小组确定立项项目，审定实施规划、推进计划及有关技术标准、措施，并负责成果的汇总上报。各专业技术攻关小组负责技术创新项目的质量、进度控制。

三类项目由各专业技术攻关小组确定立项项目、实施规划及具体推进计划，报项目部技术创新领导小组核备。各专业技术攻关小组参加单位按照职责分工具体负责质量、进度日常控制。

3. 评价评估程序

科技合同项目完成后，由课题组所在单位提出书面验收申请，填写成果验收证书并附齐相关技术文件，交本单位集团公司科技部申请验收或按规定程序申请省部级成果鉴定。成果验收、评审或鉴定结果可作为推广应用和报奖的依据。

申报铁道部的鉴定，应按铁道部相关文件办理。申报省级成果鉴定的，按相关省份规定办理。

四、技术创新考核

根据各项目部及所属集团公司的实际情况，各项目部应制订相应的技术创新管理办法，明确考核的办法，对奖励范围、评审条件、奖励等级、奖励金额、奖金分配进行明确并监督执行。

项目部除接受集团公司的管理考核以外，还接受项目管理机构的考核，以达到激励先进、鞭策后进目的。

第六节　技术创新总结

技术创新是一个从产生新产品或新工艺的设想到市场应用的完整过程，它包括新设想的产生、研究、开发、商业化生产到扩散这样一系列活动，本质上是一个科技、经济一体化过程，是技术进步与应用创新。技术创新工作是一个长期的、不间断的、永不衰竭的、需要国家的政策指导和企业的主导及全社会的共同参与的系统工程。现阶段不少领域的技术创新工作取得了突破，特别是高速铁路的建设取得了令人瞩目的成就；但我们还必须清醒地看到，在一些领域的技术创新工作基础还不扎实，还存在着体制不顺、机制不健全、信息不灵、资金和人才匮乏等问题；这就需要我们不懈的努力，改变和完善不适宜的条条框框，为技术创新创造一个宽松的外部环境，促进我国的技术创新工作健康快速地发展壮大。下面就工程建设领域的技术创新工作谈谈想法。

1. 要广义地理解技术创新。当前工程设计和建筑设备制造业的技术创新为工程建设起了巨大的推动作用，但施工单位明显后劲不足，总是被动地去适应；没有把技术创新诠释清楚，没有将现场的各项小发明、小革新列入技术创新范畴，缺少激励机制，缺少总结汇编及更大范围的推广。

2. 技术创新的核心是人才，市场竞争实际上是人才的竞争。技术创新的灵魂就是创造，创造是知识积累基础上的升华与飞跃，是技术创新的关键，创造能力是技术创新对科技人员的最本质的要求，除了拥有综合的、扎实的基础知识和专业知识，还必须具有良好的能力结构和心理结构。技术创新要求技术人员具有广泛、综合、系统的知识储备，不仅要通晓各门自然科学知识，还要了解社会科学的理论知识，并具有敏锐的观察力、发散思维能力、复合思维能力、批评判断能力等。不仅要发现人才、大胆使用人才，而且还要建立完善的适合技术创新人才成长的长效机制。

3. 技术创新首先是观念创新。我们的思维长期被经验和书本所限，缺乏开阔的视野，对现代知识的使用总是很被动，进而影响到我们的管理体制，如在工程建设中对施工队的管理仍是几十年不变，处处依靠“包工头”，“一包了事”；干部职工的管理能力在一些方面严重退化，没有自己的作业队伍，关键时候受“包工头”牵制，一方面工人的任务干不完，另一方面职工大量息工；现在铁道部推行的架子队的管理模式就是要解决这些问题，就是管理体制创新的具体体现。我们不仅要加强书本学习，还要不断请专家现场指导和讲课，更要到同行业领头企业去参观学习、去取经，加强各种信息资源的沟通和管理工作，增加我们的智慧，改进我们的工作方法。

4. 施工企业要成立专门的研发机构。其一是指导在建项目的技术攻关，提高常规作业的技术含量，改进现有的服务产品，其二是选择有商业价值和发展潜力的技术开发项目进行研究，开发新的服务产品为继续承揽任务进行技术储备；要与社会上的科研单位和建筑制造业强强联合，引进或开发具有国际水平或国内领先优势的技术成果，推出新的服务产品，形成超过对手的服务能力、有自主知识产权或垄断性的核心技术，依靠技术上的跨越率先实现服务产品的升级换代，在一定时期形成垄断，创造出更大的利润。

5. 施工企业在现场要结合施工实际，大力开展消化吸收再创新活动。要针对工程施工的关键技术和施工难点，革新改造原有施工工艺、机具设备和管理办法，从而提高改造效率，改善劳动条件，保证安全质量，并获得较好的经济效益；要及时引进对建设项目有实用价值的创新技术和研究成果，通过适用性实验研究或继续研究进行消化、吸收、应用、提高、创新；推广有应用前景、能够创造良好的经济效益和社会效益的新工艺、新材料和新产品。

第八章　综 合 案 例

案例1　机械施工不探挖　主观臆断酿事故

1. 事故概况

某年某月某日13时48分，某单位在北同蒲某区间使用挖掘机开挖站台土方施工时，将铁路信号电缆挖断，致使车站出现红光带，中断正线行车57 min，造成1 592次旅客列车晚开20 min，构成铁路交通一般D类事故。

2. 原因分析及点评

(1)现场施工负责人违章指挥，施工作业人员违章蛮干，现场安全监控人员对现场“违章指挥、违章蛮干”熟视无睹，是本次事故的直接原因。

(2)施工负责人主观臆断认为挖20 cm厚站台表面不会挖断电缆，没有准确探明电缆路径和深度、没有人工挖横向探沟，是此次事故发生的主要原因。

(3)项目部安全意识淡薄，没有吸取类似事故教训，有章不循，措施落实不到位，思想上放松了警惕，现场施工负责人违章指挥，安全监控人员没有制止违章施工，是本次事故发生的重要原因。

本次事故告诫我们，营业线施工动土前，必须按规定与设备管理单位签订施工安全协议，提前72 h通知设备管理单位到场监护。机械设备在营业线附近施工，必须探明准确位置、设置明显标志、采取保护措施，在设备人员和代班人员的监控下方可进行作业。

案例2　要点准备要充分　超前预想是关键

1. 事故概况

某年某月某日11时10分，某单位在黔桂线某区间进行施工便线拨接，由于线路拨接机械设备出现故障，没有提前准备拨接劳力，致使点毕线路没有达到运营正线开通条件，延长了养护线路作业时间，造成延点59 min，构成铁路交通一般D类事故。

2. 案例分析及点评

(1)超前预想不到位，应急处理能力差。施工前期，没有对意外情况进行认真分析，仅仅考虑依靠大机进行拨道，而没有考虑到机械故障出现，现场临时组织人力进行拨道，准备仓促，指挥忙乱，是事故发生的主要原因之一。

(2)施工准备不充分，技术管理存在失误，施工环节出现盲点。施工前期技术员提前将线路中桩引至线路外侧，由于现场施工人员众多，达150余人，施工中将有些线路中桩踩挤，造成移位；施工前没有将线路要素提前印写在钢轨上，在人工拨道过程中不能及时提供准确测量数据，造成了时间上的延误是事故发生的主要原因之二。

(3)对既有线作业认识不到位，既有线施工组织考虑不周密。项目管理人员认为此次施工拨接量小，有麻痹轻视思想，是本次事故发生间接原因之一。

此次事故教育我们，要点施工前，必须召开点前准备会，将要点方案进行细化分解，形成“两图一表”(要点施工平面图、安全防护图、工序责任分工卡控表)。要加强超前预想，对每道工序进行隐患分析排查，切实加强现场管理和施工环节卡控。还要对所有管理人员进行安全意识教育，对技术管理人员进行既有线施工技术标准培训，以提高现场作业人员的业务素质和安全意识。

案例3　交通法规要遵守　违章驾驶要人命

1. 事故概况

某年某月某日18时，某公司项目部5人搭乘租用的7人座长安牌小面包车外出办事。当行至市区路口处时，司机闯红灯，与正常行驶的奥迪牌轿车车头发生碰撞，长安牌小面包车侧翻，致使1人当场死亡，其他4人均不同程度受伤。

2. 案例分析及点评

(1)面包车司机违反交通规定，在红色信号灯亮时继续进入路口直行，其行为是造成本次事故的直接原因。

（2）项目部未严格履行驾驶员准入制度。在任用驾驶员时，违反本单位“取得国家公安交通管理部门核发的机动车驾驶证件，具有驾驶资格的人员，需经本企业再次选拔培训、择优上岗”的规定，司机李某上岗前，没有对其进行考察和安全培训，存在把关不严、违反企业用人准入制度，为发生事故埋下安全隐患。

（3）安全教育未跟上。从项目部安全教育记录上看，没有针对汽车司机进行过专门安全教育的记录；员工劳动纪律松散，员工工作期间外出，未认真履行请假销假制度，管理不严也为此次事故付出了代价。

本次事故警示我们，车辆驾驶员要遵守交通安全法，从思想上重视、行动上自觉遵守交通法规。对项目租赁或外协队车辆要一并纳入项目安全管理范畴，对拟任用或聘用的机动车（小车）司机任用前必须慎重并进行严格的考察、评价、培训和试用后再确定，无证、无令或违章、违规开车者，不应任用。

案例4　桥梁架设风险大　随意改装出事故

1. 事故概况

某年某月某日上午7时10分，某单位使用的HZQ550型架桥机在转场过程中发生导梁倾翻事故，造成架桥机主要钢结构主梁、悬臂梁、支腿等严重变形，起升小车损坏，发电机组和操作室报废，运梁车前驾驶室和部分悬挂等装置损坏。

2. 案例分析及点评

根据现场情况分析，架桥机倾翻时，已转场到位，运梁车前驮运支架支撑架桥机处于静止状态，架桥机正在进行后支腿换装，后吊梁天车正在吊装后支腿最下面一节，经过分析，认为事故发生的原因完全是由使用单位操作不当造成的。

（1）后支腿换装时，使用单位没有将导梁落到桥墩上固定，导梁一直处于悬空状态，辅助支腿没有支撑受力，是事故的主要原因。

（2）驮运支架下部与运梁车、驮运支架上部与架桥机主梁均无牢固连接，存在滑移的可能。

(3)架桥机后部顶升过高，主梁可能向前倾斜也是诱发该事故的又一原因。当吊梁天车行走或因其他原因产生的水平力较大时，因前支腿与主梁的设计属于铰接连接(辅助支腿与主梁为刚性连接)，处于不稳定状态，前支腿不能承受前后水平力。驮运支架与运梁车、驮运支架与架桥机主梁间产生滑移，架桥机前支腿向前倾斜，从而导致架桥机向前倾倒15 m左右。架桥机向前倾翻后，后支腿撞到桥面上，将右侧桥梁板翼沿撞坏后架桥机左右失稳，又向右倾翻90°后主梁和前导梁支撑在三个桥墩上。

(4)使用方改装架桥机顶升方式，擅自改变架桥机性能，没有经过厂家认可，也没有向上级报告，也是事故发生的又一原因。

这次事故告诫我们，架梁施工属于高度危险操作，必须加强施工现场管理和安全监控力度，不能忽视任何细节。架梁施工中遇到如转场、拼装、拆卸、过连续梁、架桥机横移、冬季施工等特殊工序，必须制定详细的施工技术方案和安全保证措施，并由专人检查确保安全措施到位。架梁施工危险性大，专业性强，要加强作业人员的技术教育和安全教育，提高技术业务素质。

案例5 半夜违章搞吊装 无人监护高压断

1. 事故概况

某年某月某日20时30分，吊车司机田某驾驶16 t吊车在某大桥51号墩处，从基坑吊装凿除的钻孔桩桩头。吊车停靠在距22万伏高压线水平距离6 m，垂直距离15 m处。次日0时55分吊装作业完成后，吊车在未收回大臂的情况下违章旋转，大臂侵入高压线安全距离内，致使大臂与高压线产生强感应电流，高压线受损跳闸断电，造成供电线路停电8 h 30 min。

2. 案例分析及点评

(1)吊车司机田某安全意识差，在吊装作业完成后，没有收回大臂违章旋转靠近高压线，侵入高压线安全距离内导致线路放电跳闸，是事故的直接原因。

(2)现场安全管理存在漏洞，对夜间吊装作业安全松懈麻痹，在照明不足、视线不良的条件下临近高压线作业施工，既不设置安全防护人员，也不安排技术人员安全值班，使现场违章作业失去有效监督是这起事故发生的间接原因。

(3)吊装作业现场临近高压线，管理人员对高压线危险性认识不足，没有作为重点监控内容进行危险辨识和控制，对吊车司机没有进行针对性的安全教育，也没有组织有关人员进行安全交底，作业人员对安全事项一无所知是事故发生的重要原因。

本案例告诫我们，有可能危及供电线路正常使用的机械设备吊装、旋转、移位作业，要对环境、行驶道路、架空线路、建筑物及构筑物进行全面调查，制定技术方案，对操作人员进行详细的技术交底，同时要与设备管理部门加强联系，共同制定安全防范措施，作业过程中要设专人现场监控和指挥，确保供电线路、机械设备和作业人员的人身安全。

案例6　邻线卸车不设防　违章掉头把祸闯

1. 事故概况

某年某月某日某公司在临近铁路营业线进行软土地基处理施工，20点左右，水泥厂送来一车水泥，司机到工地后未报告项目部，就电话联系协作队伍卸车。23时30分卸完车后，在无人防护的情况下，司机违章掉头侵入限界，造成客车在区间停车29 min。

2. 案例分析及点评

(1)送货司机没有接受安全教育，对铁路行车安全知识不清楚，对侵限的危害认识不足，违章调头侵限，是事故发生的直接原因。

(2)现场安全防护设施不到位。既有线邻线作业，没有安设隔离栅栏和栏杆，没有设置调头区域，没有认真落实铁道部、铁路局《铁路营业线施工及安全管理办法》规定，未安排卸车负责人、驻站联络员、防护员现场盯控，没有执行“一机一人”防护，是事故发生的重要原因。

本案例告诫我们，并行地段施工必须执行封闭加锁，一机一人监护的卡死制度，对工地临时送料司机要加强铁路行车安全教育。同时要做好班前、班后、午休、深夜等关键时期的同岗监护工作，确保并行地段的车辆在监护下行驶。

案例7 单人违规来操作 现场失控把命夺

1. 事故概况

某年某月某日凌晨5时50分，某公司施工的大桥工地钻孔桩钻孔作业，钻机操作人员身着大衣违规进入钻机操作台与钻杆间的传动区进行设备检查，不慎被卷入钻机传动轴连接的转动设备内当场死亡。

2. 案例分析及点评

(1)钻机操作人员在未停机的情况下，违章进入钻机传动危险区域，因钻机皮带轮无防护罩，传动轴无防护设施，其大衣卷入钻机转动部位后其当场死亡，是本起事故的直接原因。

(2)现场施工管理混乱是这起事故的间接原因。钻机设备进场未进行安全检查验收，没有对钻机操作人员进行入场安全教育培训，也没有针对钻机操作注意事项进行安全技术交底，在钻孔深度即将到位的夜间施工作业，现场没有人员进行安全值班和巡回检查，任其外协员工随意施工。

本案例告诫我们，机械设备进场前，必须进行安全检查验收，对安全装置不全、失效的设备严禁进场，同时，加大对操作人员安全操作技能和常识的强化培训和日常监督检查，保证设备工况良好、作业人员遵章操作。

案例8 登高不系安全带 一脚踏空掉下来

1. 事故概况

某年某月某日，某公司大桥工地，41～42号墩间进行桥梁横向连接钢绞线作业，15时30分左右，在穿完第5处横隔板钢绞线后，负责穿钢绞线的作业人员阚某沿着两片梁间搭设的脚手板移动时，脚手板突然滑动，阚某从两片梁间坠落于桥底死亡。

2. 案例分析及点评

由于脚手板没有放稳、固定，两片梁间没有安全防护措施，加上作业人员阚某缺乏安全意识，为了移动方便摘掉了安全带，失足坠落，导致了此次事故的发生。

本案例告诉我们，高空、临边等危险区域，必须采取可靠的安全措施，作业人员必须配带安全防护用品，才能有效保证作业人员的人身安全。

案例9　曲线超速连挂　轨道机车脱轨

1. 事故概况

某年某月某日，两组轨道作业车进行导线调整及承力索安装作业后，准备在区间联挂后返回站内，一组在R-400、坡度5‰的连续曲线处停留，另一组轨道车以60 km/h超速行进，拐过弯道后发现前方有车采取紧急制动，由于车速过快且下坡减速不及时，造成两平板车在施工区间碰撞，一辆平板车脱线，影响行车1 h 36 min，构成行车一般D类事故。

2. 案例分析及点评

造成这起事故的主要原因是司机安全意识淡薄，在轨道车连挂过程中，没有与前车司机进行反复确认和复诵。在运行过程中，没有认真观察前方线路，瞭望不及时。违反机车推进速度不得超过30 km/h，连挂时速度不超过3 km/h的规定，违章操作，超速运行。连挂地点选择不当，作业前未能以书面形式对各组轨道车的作业内容、作业范围、相互距离、连挂地点进行明确。

本事故告诉我们，要杜绝类似事故的发生，必须要加强对上线自轮运转车辆的管理，加大自轮运转上线车辆的司乘人员关于《铁路技术管理规程》、《行车组织规则》和技术操作规程的强化培训，加强对轨道车等自轮运转设备的日常保养和维修，强化应急起复演练，保证设备安全上线作业。

案例10　借点施工不防护　违章蛮干出事故

1. 事故概况

某年某月某日上午10时10分至12时，武九线某隧道进行隧道渗漏水病害整治施工时，未履行施工要点登记手续，未安排驻站联络员，现场未派施工安全防护员，外协人员在没有职工带领的情况下，利用工务段要点登记(9点50分至11点)施工。根据现场工作量,外协队伍用7～8天的时间利用其他单位天窗点内完成,事发当天为第3次上道施工。12时06分,由于未能及时将脚手架拆除完毕,造成运行至此的4084次货车撞上脚手架,机车挡风玻璃撞破,司机受伤,脚手架被撞出30多米后又将区间信号设备调谐盒撞坏,信号机出现红灯,影响信号机使用3 h 22 min。

2. 案例分析及点评

这是一起典型的黑施工,该公司违规承揽土建工程、违法分包,在无合同、无方案、无协议、无手续、无要点计划、无防护、无监控的情况下,指挥外协队伍利用工务段要点登记(9点50分至11点)进入封闭网上道施工,严重违反铁路营业线施工安全管理规定,一系列的野蛮施工,导致了此次事故的发生。

本案例再次告诫我们,营业线施工安全无小事,营业线施工必须做到协议到位、人员到位、方案到位、程序到位、措施到位、防护到位、监控到位,才能有效杜绝营业线施工事故的发生。

案例11　安全卡控不到位　设备误动造成机车车辆脱轨

1. 事故概况

某年某月某日20时16分,由北京铁路局丰台机务段$SS_4$370××× 机班牵引的B11501次货物列车(编组61辆,总重5 106 t,计长81.3),运行至××局管内京广下行线××车站进3道停车时,进路上的13号道岔K628+939)中途转换,造成$SS_4$370机车B端脱轨,机后1、2、3、4位车辆脱轨。影响京广下行线行车,经××局全力组织救援,22时55分,开通京广下行线,中断正线行车2 h 39 min,构成铁路交通一般A类事故。

事故发生后利用微机监测系统查看了××站现场施工情况,确认了事故的发生,是因为B11501次接车进路上的13号道岔错误的发生了中途转换造成的。经对错误发生转换的13号道岔区段组合状态进行了现场查看,经测试分析、判断,排除了“人为使用封连线”造成道岔联锁失效的情况。

2. 案例分析及点评

(1)××电务段在此前更换13号道岔施工，安装继电器过程中，电务施工人员野蛮施工，安装1QDJ继电器时，造成继电器插座板隔离窗破损，导致1QDJ3-1线混线造成联锁失效，是造成事故的直接原因。

(2)某月某日18∶50～21∶40，××信号工区配合工务进行上行线道岔捣固施工，电务室内配合人员“安全第一”的思想不牢、工作责任心不强，本应对上行线道岔进行试验，但严重违反电务“三不动、三不离”的规定，在下行线已经排列进路、列车已经接近的情况下，错误操纵下行线13号道岔，是造成事故的重要原因。

(3)某月某日在更换13号道岔施工中，××电务段对联锁试验方案的制定，对联锁试验的进行，对施工的包保极端不负责，把联锁试验当成儿戏，形同虚设，没有及时发现联锁关系失效，也是导致事故发生的主要原因。此次事故××电务段负事故全部责任。

案例12　施工防护不到位　损坏光电缆忙抢修

1. 事故概况

某年某月某日10点40分××公司××××信号第××项目部施工人员在民权至三丈寺K414-K415处清理开挖电缆沟时，施工人员将干线通信光缆(20芯)挖伤，影响民权至三丈寺间DMS系统、宽带、民权间小电话。经公司和开封铁通抢修人员抢修于当日18点恢复。

2. 案例分析及点评

产生此次事故的主要原因是没有认真学习有关“×建安[200×]××号”安全通报的内容，组织学习不到位、组织措施不落实；项目部主要领导安全意识淡薄，重视生产、忽视安全；项目部施工人员在施工中在没有了解地下隐蔽设施和没有在有关人员在场的配合下就臆测施工；现场的防护人员防护不当和现场指挥人员指挥不力。主要责任是该项目部主要领导对“安全第一”的预防意识不强，在施工管理中对职民工的安全教育不够，安全防范意识淡薄，安全责任制没有层层落实，安全管理制度执行不到位，质量意识不强，对民工的教育培训不全面不具体、缺乏针对性，现场防护人员施工组织不当，现场指挥缺乏经验而导致了事故的发生。

事故发生后，有关人员虽然积极参加了故障处理，但没有按照事故处理的原则对事故按步骤进行处置，没有及时将事故原因、处理方案、结果及时向上级汇报，造成上级主管部门工作的被动，形成了信息流通不畅，给生产运行带来不利的影响。充分暴露了我们在安全生产管理中还存在着不少的漏洞。安全第一的意识淡薄，安全问题侥幸心理严重，规章制度没有严格执行，是造成此次事故的主要原因。

案例13　违章超速行驶　机车碰撞出事

1. 事故概况

某年某月某日7点22分，××单位轨道作业车组按照施工命令编组进行作业。进入封锁区间后，轨道车两组进行施工。其中北组轨道车组进行调整作业。南组轨道车进行放承力索作业。北组轨道车作业完毕后停留等待，对应的接触网支柱号为176号，但由于杆号油漆时间过长部分发生脱落，所以北组轨道车司机宋××误将176号支柱看为116号支柱。宋××通过对讲机告诉南组轨道车司机李××在116号接触网支柱处进行连挂。9点10分时，南组轨道车组在运行至K569+200处时，由于该处为曲线加下坡，曲线半径400 m，坡度5‰。当司机李××发现前方有车和引导人员时，紧急制动。由于车速过快外加下坡，制动不及造成P9716碰撞P9714，P9714受到撞击后垂直弹起后落到P9716平板上。碰撞造成P9714平板前2轴离道。

2. 案例分析及点评

首先，9710轨道车司机李××意识薄弱，麻痹大意。在进行机车连挂过程中，没有和前车司机进行反复确认和复诵。在运行过程中违反机车推进速度不超过30 km/h，连挂时速度不超过3 km/h的规定，超速运行。在运行过程中，没有能够认真观察前方线路，瞭望不及时。其次，轨道车司机宋××，李××在联络过程中，没有按照铁道部有关规定使用铁路里程作为标准，而是惯性违章，使用接触网杆号作为标准进行定位。再者，9711车组在选择连挂位置时，未能对现场地形条件进行调查确认。K569+000处为连续曲线，曲线半径小，坡度大，不符合《铁路技术管理规程》中对机车连挂地点的规定。最后，现场随车防护人员站位不准确，距离防护轨道车过近，致使来车无法及时做出反应。

施工组织方面，负责当天施工的架子队虽然按照规定召开了点前会，但是点前会重形式、轻实效，重生产、轻安全。点前会流于形式，没有能够根据每天作业内容的不同做出相应的安全要求。施工负责人在对轨道车辆进行分组安排时，未能以书面形式对各组轨道车的作业内容、作业范围、相互距离、连挂地点进行明确，而是现场根据情况确定。

案例 14 混凝土浇筑分段不合理 梁顶板出现小裂缝

1. 事故概况

某公司施工的高速公路大桥，预应力混凝土连续梁全长 426 m，主桥 7～11 号跨上构形式为 35 m＋2×50 m＋35 m 单箱单室预应力混凝土变截面连续箱梁，设置纵、横、竖三个方向预应力体系。0～7 号、11～14 号跨为后张预制梁先简支后连续结构。大桥为全预应力结构，大桥纵、横、竖三个方向预应力体系已全部张拉结束后，某年某月某日发现箱梁顶板主墩两侧 10 m 范围内、跨中部分及 A、B 类齿块与顶板连接的倒角部位出现裂纹，构成一般质量事故。

2. 事故调查情况

(1)混凝土浇筑顺序调查

在箱梁横断面方向，分两次浇筑。第一次浇筑底、腹板及底板齿块。第二次浇筑顶板及顶板齿块。在纵桥向方向，设计分为 7 段浇筑，节段工作面设于恒载零弯距截面附近。项目部后经设计代表和监理同意，在实际施工中，将底腹板分为 5 次浇筑，顶板分为 3 次浇筑。

(2)混凝土浇筑过程情况调查

箱梁在横断面上分为两次浇筑，在底板浇筑后未能及时浇筑顶板，造成两层混凝土龄期差异较大。第一段顶板与底板混凝土龄期相差 42 天，第二段相差 35 天，第三段相差 15 天。

(3)预应力钢束张拉顺序调查

某年某月某日，项目部按照设计张拉顺序即按照 G(全桥通长)、H(墩顶底板)、D 类(中跨底板)、C 类(边跨底板)、A 类(9 号墩顶板)、B 类(边跨及 8、10 号墩顶板)的顺序开始进行张拉。某月某日，纵向通长束及底板束共计60束已张拉完毕，顶板束已张拉48束，剩余46束。项目部在检查中发现箱梁顶板底部出现多条裂纹，有贯穿裂纹、非贯穿裂纹，也有较短的毛细裂纹，裂缝宽度大多在0.05～0.35 mm之间。下雨后有雨水从部分裂纹渗到箱梁顶板底部。

3. 案例分析及点评

裂缝发生的原因有施工工艺和温度的影响，同时也有设计和施工组织不当等方面的原因。大桥为全预应力结构，在某月某日现场检查时发现裂缝已封闭且没有继续发展。顶板束张拉完毕后未出现顶板渗水现象，在预制梁架设过程中，运梁车(梁重80 t)在主桥上通过时裂纹没有增大、增多的现象。调查组经综合调查分析，初步认定裂缝问题对结构的使用没有太大影响，但最终还需要结构检测和补强加固处理。

出现连续梁顶板底部裂缝的原因比较复杂，设计方面主要是预应力束张拉顺序设计不合理，未考虑张拉过程对顶板产生裂纹的控制；施工方面主要是混凝土浇筑段变更不合理(虽经设计代表签字，但对具体分段不明确)和混凝土浇筑顺序不合理(龄期相差大，上下两层混凝土收缩率相差大，引起顶板裂纹)。

在业主组织设计、监理和施工单位召开的专题会议上对箱梁顶板底部开裂问题进行了分析研究，认为此裂纹不属于结构性裂纹，不影响桥梁使用，可以进行后续预应力张拉施工，但须对此裂纹进行必要的处理。

这起案例告诫我们，对连续梁等大型结构工程必须严格按照设计规定、施工规范和技术操作规程施工，任何疏失都将对结构质量产生重大不良影响。设计变更一定要完善手续，明确内容。作为工程技术人员从事技术管理一定要谨慎入微，技术资料一定要翔实准确，现场作业过程控制一定要严肃认真。

案例15　墩台衔接工艺差　疑似烂根被返工

1. 事故概况

某年某月某日，铁道部领导带队对某单位施工的大桥工地进行了随机抽查，发现桥南岸62号墩身混凝土存在色差、墩身上下模板接缝错台、墩身与承台连接处支撑模板砂浆找平层未及时处理造成疑似烂根现象。对此铁道部领导给予了批评，并要求该单位领导到铁道部进行交班，业主责成拆除重建62号墩。

2. 案例分析及点评

这是一起因施工人员质量意识淡薄、质量标准不高、工艺要求不严，质量保证措施落实不到位造成的典型事故。为抢赶工期，墩身混凝土质量保证措施没有落实到位，施工过程中检查监管不到位。墩身模板拆除后，对墩身外观存在的缺陷问题未引起高度重视，对现场存在的外观缺陷问题缺乏真正的了解和分析研究，也未采取有效整改措施，没有严格按照质量验收标准要求对墩身外观质量组织检查验收，对水泥浆随意修补混凝土外观缺陷的行为监管不到位，造成了墩身混凝土出现色差、错台等质量缺陷，混凝土外观观感较差。

案例16 防松销钉不合格 导梁脱落出事故

1. 事故概况

某年某月某日晚10时30分左右，某公司施工的大桥工地，900 t架桥机安装过程中，下导梁过孔行至12.4 m时，由于连接辅助支腿和下导梁反扣轮浮动芯盘的心轴（直径120 mm）螺帽脱落，使辅助支腿和反扣轮瞬间脱离，导致架桥机下导梁倾斜，致使在导梁内准备连接前端辅助吊杆作业的7人受伤，下导梁前端变形，其中，前端约20 m导梁报废。

2. 案例分析及点评

设计存在缺陷是事故发生的直接原因。架桥机辅助支腿和下导梁反扣轮浮动芯盘的心轴连接机构设计缺陷，采用细牙螺纹连接，辅助支腿和下导梁反扣轮浮动芯盘的心轴连接螺栓螺纹磨损严重（螺纹的牙尖已经磨秃）。导致耐久性和抗冲击能力相对较差是事故发生的直接原因。

检查责任不落实是事故发生的重要原因。首次进行下导梁过孔作业，对该机构重要连接部位检查不仔细，螺帽防松固定销直径不符合要求（销孔直径10 mm，用直径6 mm钢筋太细）。另外在夜间安排架桥机进行安装调试和首次过孔作业，不利于发现安装缺陷，导梁过孔作业前对设备调试检查安排不具体。

案例17　上线测量不防护　下道未及出事故

1. 事故概况

某年某月某日，某公司测量人员张某、朱某在京九线某区间进行施工测量，朱某司镜，张某在距离朱某 150 m 的下行线侧道床边坡处安设棱镜。16 时 24 分 T185 列车通过该地段，因张某擅自离开棱镜到路肩上接听电话，待发现来车时慌忙下道，把棱镜遗留在下行线左侧道床坡脚处，导致 T185 次列车碰上棱镜支腿，造成列车在区间停车 6 min，构成铁路交通一般 C 类事故。

2. 案例分析及点评

(1)项目部测量人员张某、朱某严重违反铁路营业线施工安全规定，在没有采取特殊防护措施的情况下，擅自进入营业线封闭网内进行测量作业，而且在测量时擅离职守，严重违反了“人机(具)不离”的有关规定，发现列车通过时来不及清理下道，是造成事故的直接原因。

(2)项目部对技术管理人员安全培训不到位，营业线施工安全卡死制度落实不严，驻站防护人员防护不规范，项目安全监控检查制度落实不严，是事故发生的重要原因。

本案例告诫我们，进入营业线封闭网内施工作业，必须执行铁道部、铁路局营业线施工安全管理规定，在未要点登记、未设置好驻站联络员和工地防护员时，严禁进入铁路营业线封闭网内从事任何施工作业。

案例18　桥梁振捣不密实　张拉开裂做整修

1. 事故概况

某年某月某日下午，某公司大桥工地箱梁底板预应力束张拉施工过程中，B2-4 预应力束终张拉完成后，发现锚垫板周围出现了裂纹，某月某日下午锚下混凝土开裂，锚环陷入混凝土内，锚下底板混凝土剥落，后经检测和专家论证后，该箱梁方可启用。

2. 案例分析及点评

(1)箱梁端横梁钢筋密集区进行混凝土浇筑过程中，作业人员振捣不到位，造成锚下混凝土不密实，是事故发生的直接原因。

(2)关键部位关键工序卡控不严，岗位责任制不落实是事故发生的重要原因。箱梁浇筑未制定关键工序作业标准和控制计划，对端横梁及腹板等钢筋密集区域没有明确责任人员和包保领导，没有细化振捣人员的岗位责任，关键部位砼浇筑现场无人值班。

本案例告诫我们，重视质量工作，要从细节入手，从关键工序、关键部位的关键环节入手，狠抓质量责任制度的落实，加大施工过程的监控，施工质量才能有保障。

案例 19　竣工资料随意填写　发生事故责任难逃

1. 事故概况

某年某月某日交付使用的渝怀铁路工程，某年某月某日 0 时 40 分，由于受连续强降雨影响，发生大面积山体溜塌，中断铁路行车 94 h 55 min。施工的锚索在填写竣工资料时，误将 600 kN 填写为 400 kN，经广州铁路集团和铁道部武汉特派员办事处现场分析认定，构成质量引发的铁路交通一般 D 类事故。

2. 案例分析及点评

这是一起典型的因技术资料填写错误而被定责的事故。本案例告诫工程技术人员在施工过程中，必须认真、及时、准确、真实的做好施工日志、检查证、验标等施工记录和技术资料，坚决杜绝内业资料弄虚作假。

案例 20　偷工减料后果严重　过程监管失职失责

1. 事故概况

某年某月某日，某隧道出口存在严重质量问题被群众举报，质量监督站组成联合调查组，采用雷达扫描、实体破检、内业检查等方式对现场进行了详细核查。发现该隧道出口二衬背后有脱空现象；两个施工段仰拱在报检验收后，初支工字钢钢架被间隔拆除；混凝土试块强度试验报告全部合格，但初期支护及二衬混凝土实体强度有部分不合格，不排除试块造假的可能；擅自变更仰拱初期支护设计施工工艺，把初支喷射混凝土改变为现浇，在资料中却填写为喷射混凝土记录；技术交底没有交到作业班组；混凝土施工记录和施工日志没有详细记录施工期间的实际情况，存在严重的质量和管理方面问题。

2. 案例分析及点评

本案例暴露出施工单位人员配置不到位、现场管理和技术管理混乱，对关键环节的现场监管严重失控。在仰拱施工时，现场无监控人员值班，任由外协队随意作业，已经安装就位的初支工字钢钢架，经现场监理检查验收合格后，被外协人员人为拆除，管理人员对此一无所知；混凝土浇筑及隐蔽工程施工，未安排人员全程旁站监督；技术人员没有诚信观念，内业资料弄虚作假。仰拱支护设计采用喷射混凝土，而现场在未征得监理和设计同意的情况下随意变更为现浇混凝土，而内业资料仍然填写为喷射混凝土；调查组现场取样发现二衬混凝土有两处强度不合格，而项目试验报告全部合格，有试件作假行为，属典型的内业资料作假。

这起案例再次提醒我们，加强工程技术人员和现场作业人员的质量责任意识培训，加强对外协作业的监控，对关键工序、重要部位必须安排专人全程旁站盯控指导，严厉打击偷工减料、弄虚作假行为，提高工程质量管理水平。

案例21　站间围挡不牢固　暴风吹倒侵限界

1. 事故概况

某年某月某日18时27分，某公司在站内股道间架设的40 m长施工围挡，其中南侧15 m围挡因暴雨大风向8道侧倾斜，现场带班人员发现后立即上前扶正，此时D123次列车进站，司机发现前方异常情况后，采取紧急停车措施。由于围挡已侵入限界，造成该次列车车体侧面轻微擦刮。列车停车后，现场人员立即拆除了侵限围挡。经车站及列车司机确认不影响列车运行的情况下于18时29分二次启动。

2. 案例分析及点评

两线间施工围挡方案编制不细，安全预想不周，措施针对性不强。对恶劣天气情况对施工安全的影响认识不够，对恶劣天气对围挡稳定性的破坏影响估计不足，未进行抗风检算，没有对方案进行审核把关，没有制定有针对性的应急预案，未在天气突变之前采取有效防范措施。

本案例告诫我们，凡在铁路营业线附近的临时设施、设备、材料、机具必须固定牢固，临时设施方案必须经过检算并报批审核后，方可实施。同时，要安排专人巡守，在天气变化时，现场领导要加强检查。

案例22　设计意图领会错　隧道中线偏移多

1. 事故概况

某隧道在某年某月某日复测时发现，设计左右洞隧道中线相对于线路中线向两线中心相向偏移15 cm，实际该段左右洞均按照隧道中线相对于线路中线左侧放样施工，左线偏移方向出现了错误，右洞施工符合设计要求。由于偏移方向出现了错误，左线与设计对比产生了左偏30 cm的偏差值。

2. 案例分析及点评

这是一起典型的技术错误引发的质量事故。现场技术管理存在漏洞，专业技术人员之间缺乏有效的检查核对程序，现场技术人员责任心不强，执行图纸审核制度不严，审图识图不仔细，未领会设计意图，技术主管在图纸使用过程中发现疑问后，未及时向建设、设计、监理单位咨询或书面汇报，项目总工对技术交底检查不到位，测量双检制、技术交底复核制度流于形式。

案例23　技术交底不仔细　影响行车四小时

1. 事故概况

某年某月某日，×××项目部在×××车站施工过程中，因该项目部未按规定程序组织施工，简化作业程序，技术交底不仔细，造成电缆配线芯线出现错误。以及未对将要使用的设备进行仔细检查和核对及对信号控制系统进行完整的模拟试验。造成钟家村站21号道岔不能按正点开通，影响了该站3、4股道不能接发列车4 h 46 min。严重干扰了行车运输。构成行车一般责任事故。

2. 案例分析及点评

某年某月某日11时40分至14时40分，×××车站按照既定方案，进行施工要点，内容为工务拆除老11号道岔，插铺新21/23号道岔，电务安装调试21/23号道岔在原信号联锁控制系统中添加21/23号道岔的联锁关系，点毕启用新21号道岔代替老的11号道岔。21号道岔是由ZD9-CD型转辙机控制的，为6线制转辙机，施工人员13时20分进行转辙机安装和转辙机的内外部配线，发现21号电动转辙机不能按设计要求正确运转，施工人员根据经验判断，认为是电动转辙机配线有误，随即对电动转辙机的配线进行了修改，但由于未查清故障原因，多次修改未成功，造成3、4股道不能按正点开通，使得点毕4 h 46 min后，该站的3、4股道才恢复正常使用。

事故发生的原因是在要点前未对将要安装使用的设备进行完整的试验，以至设备安装后不能正常使用。在施工中违背了信号施工的检验和试验程序。在故障查找过程中，因组织措施不力，安全措施不到位，造成故障发生后得不到及时处理。对工序的控制不到位，特别是对关键工序的控制把关不严，是这次事故的最直接原因。电缆配线完毕，本应对电缆进行导通、通电试验，以确认电缆配线是否完全正确，但为了赶工期，在电缆配线完毕后，对导通试验不彻底，简化了关键工序，造成了事故隐患的存在。设备安装完毕后，按照施工规范和施工组织设计的要求，应对设备进行单项带电试验和检验，但由于过分相信自己的施工水平，忽视了关键工序的检验。工序的检验和试验随意性大，不按标准和施工规范施工，省略和简化关键工序是此次事故的直接原因。

事故发生后，通过技术分析，结果发现，21号道岔电缆配线图上的13号、14号芯线为条件线，而ZD-CD型转辙机内部的13号、14号线为电动转辙机电启动线，由于图纸设计的编号与转辙机内编号不符，使得21号道岔电缆盒的配线与电动转辙机内部的配线不相符，形成配线内外交叉，造成电动转辙机不能正常动作。

操作人员对要点的重要性认识不够，没有把保安全、保正点、保畅通的要求落在实处。虽然制定了措施，在点前做了部署和动员，但检查方式不到位，制度落实不到位，省略关键工序，安全技术把关不严，从主观上导致了这次事故的发生。

项目部未严格按照铁道部《铁路营业线施工安全管理规定》和西安局《对营业线影响较大的施工作业程序》规定的施工程序组织施工，简化作业程序，施工前未对设备进行模拟实验，未进行检查和核对，只是电缆盒配线出现错误，技术制度的卡控措施不到位，造成了事故的发生。项目部技术交底措施不严格，没有按照《施工技术管理暂行办法》的要求，做好点前的技术交底工作，是造成事故进一步扩大的主要原因。项目部施工人员臆测施工，凭个人经验施工，事前不认真审核图纸，不做好图纸审核记录，致使在施工准备中没有发现图纸与实际不符之处，造成设计与实际不符，不认真审核图纸是此次事故发生的直接原因之一。

案例 24　无方案施工　损物伤人

1. 事故概况

某年某月某日由××公司××项目部在担任××车站电气化改造工程中，在加固移动架过程中因施工操作不当造成继电器室内的 5 排组合架全部倒塌。××公司郑徐信号第××项目部职工范××受伤。

2. 案例分析及点评

在竣工验收阶段，电务段提出在已经施工完毕的继电器室内的组合架下增加砖跺，用来加固组合架的稳定性。经指挥部同意，由二公司负责进行加固。某年某月某日早 8 点左右，该项目部副经理带领职工开始配合二公司施工，施工意图本是将组合架从最后一排自西东逐排移动近 30 cm，留出地面空间，由××公司在地板下砌加固用的砖垛，然后再将组合架移回到原位置，起到固定组合架的作用。施工开始时，施工人员先将接第 5 排和第 4 排间的纵向走线架拆除，将第 5 排的组合架向东移动了近 30 cm，又把第 4 排和第 3 排间的纵向架拆除，并将第 4 排组合架向东移动了近 30 cm，此时第 4 和 5 排的组合架没有支撑站立。在拆第 3 排和第 2 排组合架间的纵向走线架时，第 3 排组合架由于失去了西（后）边组合架的拉力，由于第 1、2 排的拉力和第 3 排自身的重量，由西向东缓慢倒下，同时由于受组合架上部大量的电线拉扯作用，第 4、5 排组合架也向东边倒去，从而使得第 3、4、5 排组合架向东倒去，重量压在第 1、2 排组合架上，使得 5 排组合架全部倒塌，并把继电器室与微机室间玻璃隔断门砸烂。此事件损坏了数台继电器，部分走线架变形及部分电线受到损伤。

事件的直接原因是移动组合架时，没有将移动后的组合架及时固定，造成组合架之间失去了架与架之间的作用力，在没有相互支撑的作用下形成重心偏向东边，从而引起全部组合架倒塌的事故。

事故其他原因是没有制定组合架移动施工方案和技术保证措施；没有制定组合架移动安全防护措施；无责任人员具体分工安排；施工组织人员没有施工的组织经验，任意拆卸负载组合架间的走线架；项目部主要负责人、主管技术负责人、安质人员不在施工现场；没有执行施工、技术管理细则的要求，没有技术交底就施工。

案例25　电气化违规作业　支柱倒塌

1. 事故概况

某年某月某日17时58分，×××电化项目分部施工的石板滩车站临时过渡174号下锚支柱（K19+940）倒塌断裂，导致新VI-2锚段中心锚节腕臂脱落接地，造成石板滩站至红花塘站供电臂跳闸停电、影响行车。事故发生后，项目部迅速报告有关部门，同时积极联系铁路局供电、电务、车务等相关站段，启动应急预案，由电化分部项目经理梁××负责现场组织轨道吊、作业车、作业梯车等抢修机械设备、工具及作业人员60人进行抢修。在铁路局供电、电务、车务等相关单位的全力支持和协助下，通过抢修，于19时34分恢复供电、行车，共影响行车1 h 36 min。

2. 案例分析及点评

项目分部总工向××，同意对临时过渡174号支柱被盗割锚杆进行直接加工焊接处理，是造成此次事故发生的直接原因。主管安全生产副经理杨××，对现场施工安全质量工作疏于管理，对安排的工作未进行检查落实，是造成此次事故发生的重要原因。项目分部项目经理梁××，在得知拉线锚杆被盗割的情况下，对存在问题“听而不闻，视而不见”，在未落实整改措施的情况下，同意进行架线作业，也是造成此次事故发生的重要原因。项目部安全管理制度形同虚设，安全管理体系没有切实有效运行，施工中存在侥幸心理，“三检”控制流于形式，关键部位卡控不严，隐患排查整治不彻底、不到位、不闭合，导致现场管理存在严重偏差，都是此次事故发生的间接原因。

案例 26　开口销脱落造成弓网事故

2010 年 2 月 6 日，黄秋山隧道（K2086＋850—K2086＋806）T073 定位管被打掉落在 T075－077 间定位器从中间打断挂在接触线上，T075 定位管吊线被刮断，定位管下垂，定位器线夹刮脱，定位器根部打脱，电连接线吊在网上，停电 124 min。

经调查分析：73 号杆处 β 型开口销脱落，定位管及定位器整体下垂，侵入受电弓限界，造成弓网故障，并连续造成 6 架受电弓严重损坏。详见图 8.1～图 8.3 弓网事故现场。

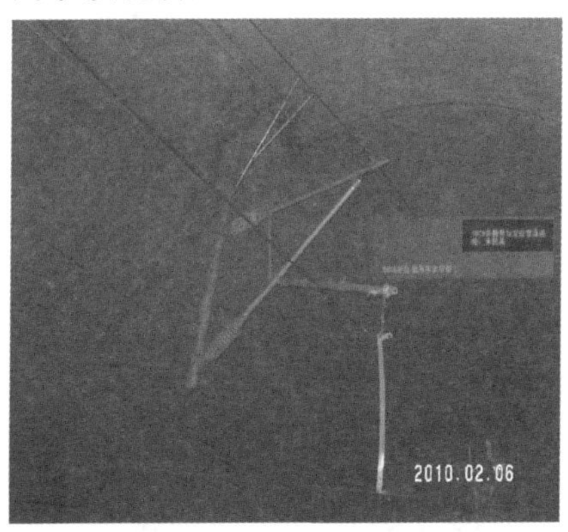

图 8.1　弓网事故现场

图 8.2　损坏的接触网定位装置

图 8.3　损坏的受电弓

案例27　供应商提供产品质量不合格,造成弓网事故

2009年11月12日7:43,郑州铁路局郑西客运专线动态检测J55001次列车运行至洛阳南—渑池南间2013号支柱(K737+429)处时,发生弓网故障。

2009年11月23日郑西线洛阳南至巩义南1265号定位点两侧导线各有一处长200 mm擦痕。1263号西第2吊弦处(K681+120)电连接线夹脱落,打弓后缠在承力索。1261号定位器弯曲变形,东侧第1吊弦线夹脱落。1259号定位器弯曲变形且限位支座连接环处断裂脱落,西侧第1吊弦线断后低于导线面,东侧第2吊弦线夹脱落低于导线面。在1259号至1257号上下行线间找到散落的受电弓滑板、碳板。

2009年11月24日16时35分,联调联试动车组在渑池南至三门峡南上行K812+605处发生弓网故障。

经调查分析:上述三件故障均为产品质量不合格,集成商工程质量意识淡薄,施工把关不严,使电连接线夹压接不牢,发生脱落低于导线面,连续造成三次严重弓网故障。详见图8.4~图8.5事故中受损的受电弓和电连接。

图8.4　受损后的受电弓

图 8.5　损坏后的电连接器

全线电连接线夹 15 000 多套全部更换，浪费大量的人力、物力、财力。

案例 28　电缆头制作安装工艺不达标，造成爆破故障

2010 年 1 月 8 日武广线乐昌东—韶关下行 167 号杆支柱上网开关电缆终端头严重烧伤故障。

2010 年 2 月 16 日 14 时 12 分，武昌东变电所下行 211DL 跳闸，经巡检发现武汉站 8 道 153—169 号（K1225＋130）正馈线电缆击穿引起跳闸，中断行车 281 min。

2010 年 2 月 16 日 21 时 54 分，云集变电所 211DL 跳闸，发现萱州分区所上网电缆头击穿。

2010 年 2 月 18 日 21 时 02 分，荷叶坪变电所下行 213DL 跳闸，2 131至3 131间供电线多处电缆击穿。

2010 年 2 月 20 日 00 时 02 分，老堂屋变电所下行 213DL 跳闸，上网电缆头爆炸，馈线电缆多处击穿。

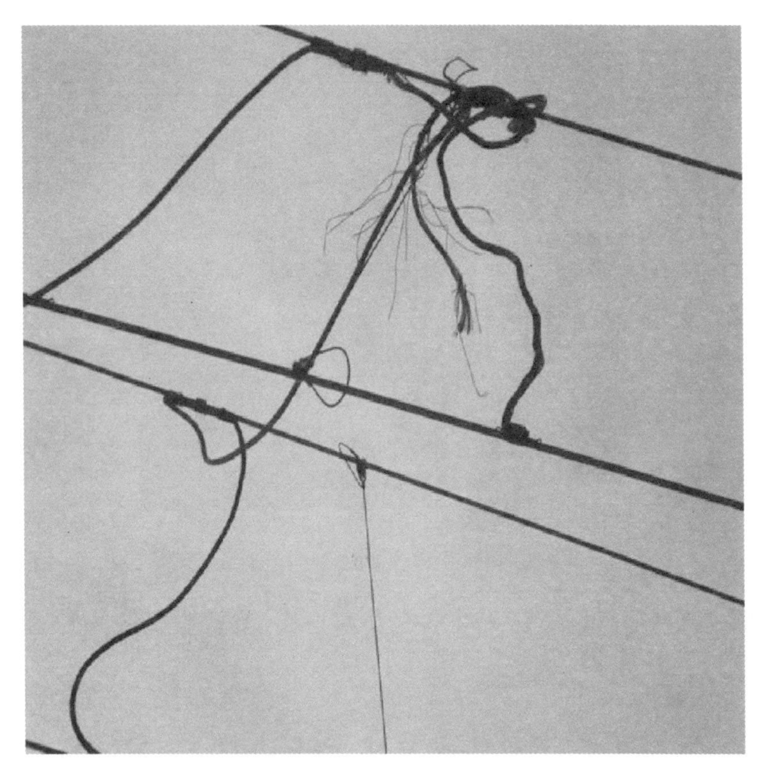

图 8.6　爆破的电缆头

原因分析：

1. 电缆烧损由于集成商责任心不强，未按标准检验，致使电缆砸伤带病运行。

2. 上网电缆头爆炸、击穿，由于集成商未按标准施工工艺施工，致使绝缘子下部绝缘不良，带病运行，造成事故。全线上千个电缆头绝缘状况不详，需要大量人力、机具、设备进行全线普查。

3. 馈线电缆铠装外皮击穿事故是由于施工中没有认真落实施工工艺，接地电阻不达标等因素造成事故。

4. 客专所需要的 10 kV、27.5 kV 电缆非常多，施工中集成商野蛮施工、杂乱无序。

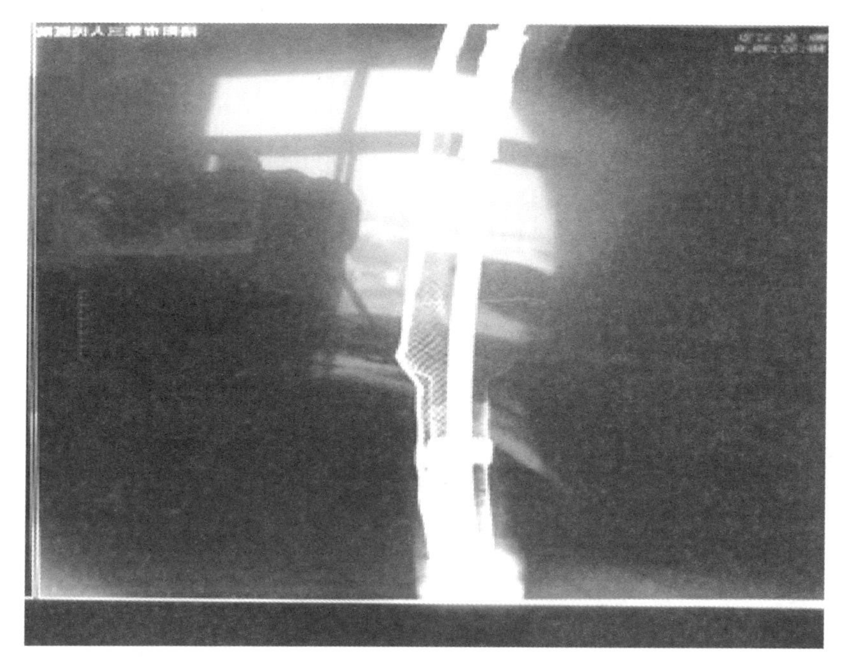

图 8.7　通过用 X 光对电缆中间头透视，清晰看到铜屏蔽层未有效连接

参 考 文 献

[1]张新．工程项目六位一体精细化管理[M]．北京：中国铁道出版社，2011.
[2]于小四．电气化铁道接触网施工技术指南[M]．北京：中国铁道出版社，2009.
[3]于小四．铁路增建二线和既有线改造工程施工技术暂行规定[M]．北京：中国铁道出版社，2008.
[4]王作祥，杨建国．铁路工程施工安全技术规程(下册)[M]．北京：中国铁道出版社，2006.
[5]王作祥，朱飞雄．客运专线铁路电力牵引供电工程施工质量验收暂行标准[M]．北京：中国铁道出版社，2006.
[6]于小四，邹东．城市轨道交通供电、弱电系统工程施工质量验收标准指南[M]．北京：中国铁道出版社，2010.
[7]于小四．城市轨道交通供电系统安装技术手册[M]．北京：中国铁道出版社，2011.